智能制造系列丛书

3DEXPERIENCE DELMIA 数字化加工与仿真教程

李洪丞　郑太雄　禄　盛　罗久飞　贾亚超　李海青　编著

机械工业出版社

3DEXPERIENCE DELMIA是达索系统公司开发的一款数字化加工和仿真软件，可为制造企业提供全面的数字化制造解决方案，是目前众多行业数字化转型和优化生产的关键工具。

本书分5章，第1章和第2章介绍了3DEXPERIENCE DELMIA软件的基本结构、界面元素、工作区域、菜单栏、工具栏，可帮助读者建立系统学习3DEXPERIENCE DELMIA的框架；第3~5章通过数字化车削加工与仿真、数字化铣削加工与仿真、数字化多轴数控加工与仿真三个案例，深入介绍了3DEXPERIENCE DELMIA软件的操作流程和实现方法。书中案例提供了详细的操作步骤和截图，并配以清晰的说明，方便读者掌握软件的操作方法，以及深入理解数字化加工与仿真的整体知识体系。

本书可供制造业领域的工程技术人员使用，也可供机械、工业设计等专业的师生参考，还可供对数字化加工与仿真技术有兴趣的自学者阅读。

图书在版编目（CIP）数据

3DEXPERIENCE DELMIA数字化加工与仿真教程 / 李洪丞等编著. -- 北京 : 机械工业出版社，2025. 1.
(智能制造系列丛书). -- ISBN 978-7-111-77293-4

Ⅰ. TH166

中国国家版本馆CIP数据核字第2025CZ3045号

机械工业出版社（北京市百万庄大街22号　邮政编码100037）
策划编辑：孔　劲　　　　责任编辑：孔　劲　王彦青
责任校对：韩佳欣　张昕妍　　封面设计：马精明
责任印制：李　昂
河北泓景印刷有限公司印刷
2025年3月第1版第1次印刷
184mm×260mm・13.75印张・337千字
标准书号：ISBN 978-7-111-77293-4
定价：59.00元

电话服务　　　　　　　　网络服务
客服电话：010-88361066　　机　工　官　网：www.cmpbook.com
010-88379833　　机　工　官　博：weibo.com/cmp1952
010-68326294　　金　　书　　网：www.golden-book.com
封底无防伪标均为盗版　　机工教育服务网：www.cmpedu.com

前言 / Preface

随着技术的不断进步和创新，传统的制造方法已经无法满足当今市场对于快速响应和高品质产品的需求。数字化加工与仿真技术的出现解决了这一问题，为制造业带来了巨大的发展机遇。通过借助计算机和先进的模拟技术，制造商可以在虚拟环境中进行产品设计、工艺规划、工作流程优化和生产线仿真，最大限度地提高效率并降低成本。

3DEXPERIENCE DELMIA 是达索系统公司开发的一款数字化加工和仿真软件。它将计算机辅助设计（Computer Aided Design，CAD）、计算机辅助工艺规划（Computer Aided Process Planning，CAPP）、计算机辅助制造（Computer Aided Manufacturing，CAM）三者集成在一起，为制造业提供了全面的数字化制造解决方案。3DEXPERIENCE DELMIA 的强大功能和灵活性使它成为全球各个行业中数字化转型和优化生产的关键工具。

本书旨在为读者提供全面、系统的学习指南，帮助读者更好地掌握和运用这款强大的数字化加工和仿真软件。本书内容涵盖了 3DEXPERIENCE DELMIA 软件的构成、基本功能、高级工具以及实际案例，帮助读者从入门到精通，奠定了数字化制造的坚实基础。本书第 1 章和第 2 章详细介绍了 3DEXPERIENCE DELMIA 软件的基本结构、界面元素、工作区域、菜单栏、工具栏等，使读者可以建立系统的学习框架，并掌握软件的操作方法；第 3~5 章通过数字化车削加工与仿真、数字化铣削加工与仿真、数字化多轴数控加工与仿真三个案例，深入介绍了软件的操作流程和实现方法。每一个案例都经过精心的设计，力求能够帮助读者全面掌握 3DEXPERIENCE DELMIA 软件的应用。每个案例都有详细的步骤和截图，配合清晰的说明，使读者能够更容易跟随操作，并在实践中获得实际的经验和技巧。通过学习这些案例，读者不仅可以掌握软件的操作方法，还可以深入理解数字化加工与仿真的整体知识体系。

在本书的编写过程中，我们尽最大努力将复杂的概念和操作以简明易懂的方式呈现给读者。我们希望读者通过学习本书，能够深入了解数字化加工与仿真领域，并在实际应用中取得成功。无论您是想提升自己的职业发展，还是想在制造领域取得突破，本书都将成为您的有力工具。

最后，衷心感谢您选择本书。无论您是专业的制造工程师、学生还是对数字化加工与仿真技术感兴趣的人，相信本书都会为您提供有价值的知识和技能。祝愿您在数字化制造的旅程中获得丰硕的成果！

限于编著者水平，书中难免存在不足之处，敬请广大读者批评指正。

李洪丞

目录 / Contents

第1章 3DEXPERIENCE FOR ACADEMIA R2018x平台

法国达索系统公司（DASSAULT SYSTEMES）总部位于巴黎，达索系统为企业和院校提供 3DEXPERIENCE 环境，在可持续性方面进行创新，使产品、自然与生命达到和谐状态。达索系统 3DEXPERIENCE® FOR ACADEMIA 平台，是世界领先的 3D 业务体验平台，其世界领先的解决方案改变了产品的设计、生产和支持方式。达索系统的协作解决方案促进了社会创新，扩大了虚拟世界改善现实世界的可能性。该系统提供了统一的单一产品数据存储环境，具备统一的数据存储和管理能力，以及统一的用户界面。系统由统一界面的基础平台和可根据教学需要进行扩展的功能包组成，其包括世界一流的软件：用于产品设计的 CATIA，用于数字化制造的 DELMIA，用于仿真模拟的 SIMULIA，用于高精度渲染和交互式沉浸的 3DEXCITE 以及用于协同创新的 ENOVIA。

3DEXPERIENCE® FOR ACADEMIA 是为多行业设计的先进平台，支持第四次工业革命的创新实践。它为将行业实践引入学习提供了理想的基础设施。该平台具有综合的 CAD、CAM 和 CAE 功能，且完全模块化。更重要的是，它将行业认可的工程实践经验纳入其中，为管理协同工作和联合创新提供了强大的解决方案。

3DEXPERIENCE® FOR ACADEMIA 是一个多学科的社会协作平台，它既适用于教育、研究和组织流程，也可通过扩展专用软件包为产品设计、工程设计、系统工程、生产制造、建筑与土木工程、治理与项目管理领域提供支持。可为学校建立数字化虚拟实训体验环境，实现产品开发制造过程（包括概念设计、详细设计、工程分析、成品定义和制造乃至成品）的在线式协同虚拟实训教学。新的软件包可以解决高级模拟问题，并为数字营销和程序学习创建高质量的 VR 内容。

通过直观的基于 Web 的用户界面，教育工作者可以轻松创建本地或在线协作环境，例如学生项目或考试，并为参与者分配角色。学生可以在不同终端处理同一个项目，并通过在线社区讨论问题或屏幕共享。

3DEXPERIENCE® FOR ACADEMIA 是促进以项目为中心的理想学习平台，为面向项目的学习提供了一个集成的、分布式的、数字化的项目导航学习方法，如“概念-设计-执行-管理”。在任何时候，教师都可以远程监控项目，管理想法成熟度和评定成绩。使教师、研究人员、学生和行业导师之间的协作变得容易、动态和自然。该平台使项目指导者能够在不影响学生注意力的情况下促进更多项目。

3DEXPERIENCE® FOR ACADEMIA 为部署数字实验室提供了经过验证的环境，这些数字实验室涉及逼真的虚拟 3D 设备，并与真正的远程设备进行双向交互。该平台为创新教育实践开拓了视野。

1.1 系统的总体架构

达索系统的 3DEXPERIENCE® FOR ACADEMIA 平台，可在网络环境下利用用户的三维数据进行业务协同，用户可以在网上发布工程中的设计知识和产品数据。此平台是一个全新的内核，并同时能够打开几乎所有人们目前使用的 CAD、CAM、CAE 文件。3DEXPERIENCE® FOR ACADEMIA 是一个 3D 的在线环境，使每个人都能够在虚拟环境中体验产品，而所有用户互动将成为学校的知识资产（IP）进行保存。任何用户都能够使用 3D 这一通用语言去想象，共享和体验产品。通过线上社区凝聚集体智慧，它带来知识，从想法直到最终的产品体验。它把真实世界和虚拟世界一起结合在一个沉浸式的逼真体验里。3DEXPERIENCE® FOR ACADEMIA 提供一个用于所有 PLM 业务流程的平台，任何人员在任何地点都可以使用，将工程设计小组、业务和最终用户联系在一起。此平台以互联网技术为基础，不管数据以何种形式存在，它都能连通，从而获得所有的知识。

1.2 系统的软件配置和构建

根据本次项目的应用需求和目标，我方采用达索系统 R2018x 版本的 3DEXPERIENCE® FOR ACADEMIA R2018x 教育软件套件中的以下应用模块包，具体系统配置见表 1-1。

表 1-1 系统配置

序号	名称
1	工商业创新平台——Business and Industry Innovation（UXC）
2	3D 体验基础包——3DEXPERIENCE Essentials（UXE）
3	设计与工程扩展包——Design and Engineering（UXD）
4	系统工程扩展包——Systems Engineering（UXS）
5	生产与制造扩展包——Manufacturing and Production（UXM）
6	治理和项目管理扩展包——Governance and Project Management（UXG）

1.3 系统的逻辑设计

UI 客户端可以为多种连接模式，如 web 连接（IE），轻量化连接（3Dlive），设计数据连接（CATIA、DELMIA、SIMULIA）。该平台支持 64 位操作系统（如 Windows 10 和 Windows 11），采用网络浮动授权，授权服务器操作系统支持 Windows Server 2016 及以上版本。

3DEXPERIENCE® FOR ACADEMIA，基于 SOA 的三层体系架构，数据库集中管理和文件内容分布式管理，总体逻辑架构如图 1-1 所示，客户端和数据服务架构如图 1-2 所示。

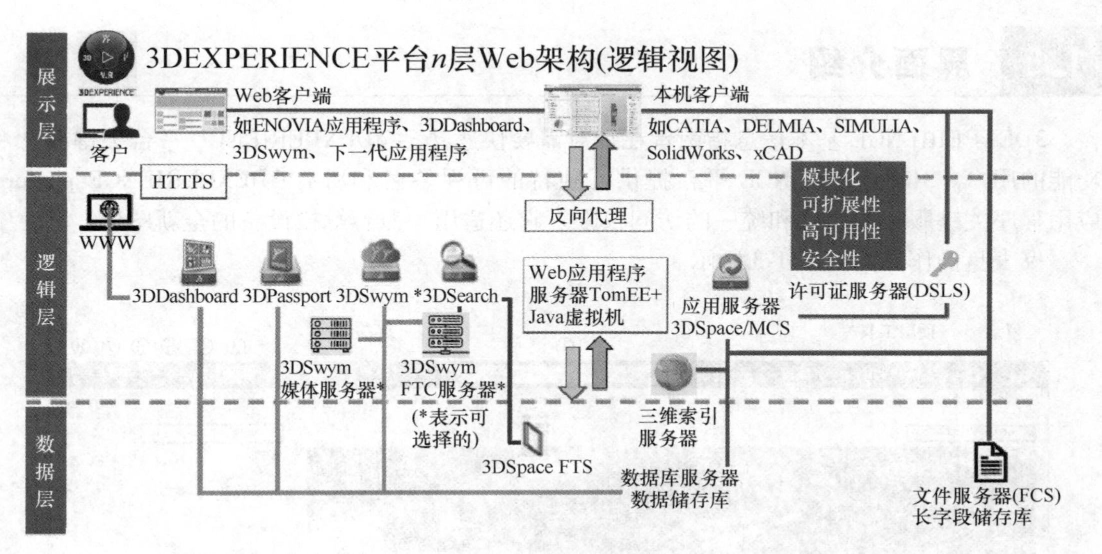

图 1-1　总体逻辑架构

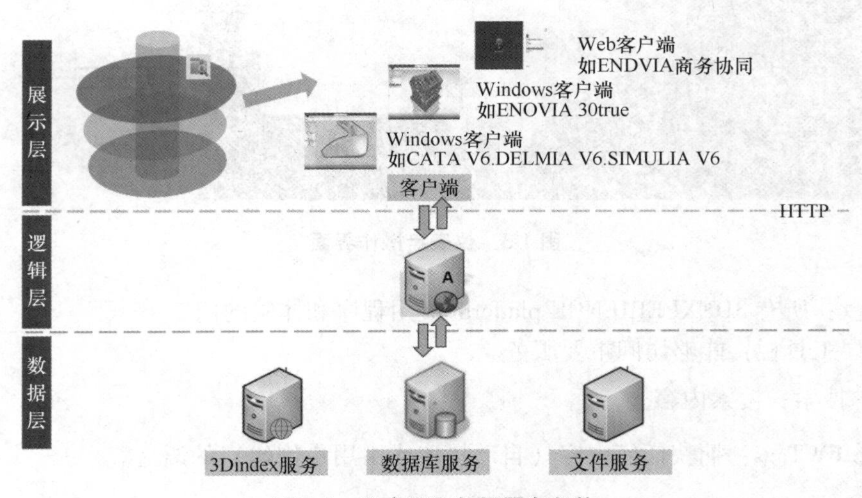

图 1-2　客户端和数据服务架构

1.4　系统的数据管理

3DEXPERIENCE® FOR ACADEMIA 数据类型主要分为三部分：元数据、内容数据和索引数据。

1）元数据：主要描述业务对象、属性及它们间的关系。元数据主要存储在数据库中。

2）内容数据：主要为文件内容对象，包含几何数据和文件数据。内容数据存储在文件服务器中。

3）索引数据：可用来加快 3D 数据和全文检索速度。索引数据存储在索引服务器中。

1.5 界面介绍

3DEXPERIENCE 基本信息指南旨在针对需要快速熟悉 3DEXPERIENCE 平台关键概念和功能的用户。3DEXPERIENCE 平台提供了独特的可视签名和所有 3DEXPERIENCE platform 应用程序关键服务的明确和统一的访问权限。它还适用于兼容触摸设备的全新图形。

仪表盘操作界面如图 1-3 所示。

图 1-3　仪表盘操作界面

1）罗盘：所有 3DEXPERIENCE platform 应用程序和体验的门。

2）顶层工具栏：能够访问重要服务。

① 搜索：搜索内容。

② 6WTags：捕获任何内容（自动提取或由用户创建）的语义。

③ Me：访问用户相关信息。

④ 通知：访问通知控制中心。

⑤ 添加：创建和添加内容。

⑥ 共享：共享和协作。

⑦ 内容：集成不同驱动器中的文件。

⑧ 社区：访问社区的强大功能。

⑨ 帮助：访问入门和支持社区。

3）选项卡：能够组织和导航内容。

2

第2章 3DEXPERIENCE DELMIA数字化加工仿真App

2.1 Mill-Turn Machining（车铣复合加工）

Mill-Turn Machining 能够轻易为车削和车铣复合机床编程，以生成需要高级车床和车铣复合机床操作的零件。这将满足制作和装配的需求，以及涉及车铣复合机床加工和车削的所有行业的需求。本教程为需要快速熟悉 Mill-Turn Machining 的用户提供帮助。

基于图形对话框的用户界面可以快速定义刀具路径。可以轻松地创建工具并将其集成到刀具目录，可以生成、仿真和分析刀具路径。该应用程序覆盖整个制造流程，支持借助集成的后处理器执行引擎将刀具路径转换为可供机器执行的代码。

1）定义车削、钻孔和铣削操作。

2）定义转塔和轴的滑台配置。

3）管理局部信息。

4）为多转塔机床同步加工操作。

5）生成 NC 数据输出。

6）跟随车削和平衡车削操作。

7）在活动树和同步向导中自定义与加工操作相关联主轴的显示。

2.1.1 设置部分：主要区域

操作栏设置部分的主要区域提供设置加工应用程序的命令。

	安装和导入资源（如制造产品、配件、适配器和刀具）以配置机器
	通用机器 创建一般机床

Drilling and Riveting（钻孔和铆接）的资源创建模块。

	现有刀具装配体
	资源创建 创建资源，如刀具、刀具刀架或刀具装配体

（续）

	零件操作 创建零件操作
	重用编程 将一个或多个程序从参考制造单元复制到其他制造单元
	将数据与规划同步
	原坯料 创建原坯料
	点创建向导
	新建仿真状态

资源复合弹出窗口。

	现有刀具装配体 插入现有刀具装配体
	替换资源 从数据库替换资源
	导入/列出铣刀 从目录导入铣刀，或列出当前文档中的刀具
	导入/列出铣刀装配体 从目录导入铣刀装配体，或列出当前文档中的铣刀装配体
	导入/列出车床刀具装配体 从目录导入车床刀具装配体，或列出当前文档中的车床刀具装配体
	插入可用资源 插入支持资源
	现有产品或资源 插入现有产品或资源 使用顶层工具栏的搜索选择制造单元和搜索现有产品或资源

数据管理弹出窗口。

	将数据与规划同步 将规划数据与加工数据同步

向导使用弹出窗口。

	点创建向导 提供创建点的向导
	极限线创建向导 提供创建直线的向导

资源状态管理弹出窗口。

	新建仿真状态 创建模拟状态
	新建复合仿真状态 创建复合模拟状态
	从设计恢复 将对象恢复到设计状态
	从设计恢复全部 将所有对象恢复到其设计状态
	来自制造设置链接的新模拟状态 从制造产品链接创建仿真状态

2.1.2　设置部分：次要区域

设置部分的次要区域提供使用机器人的命令，位于 Mill-Turn Machining（车铣复合加工）和 Multi-Axis Machining（多轴加工）中。

	控制设备 插入控制设备资源，该资源为工作资源 在想在其中创建控制设备资源的资源结构中选择父级
	运动控制器 创建运动控制器以驱动机器人设备
	创建附件
	转折机械装置 操作机械装置的命令（或接合）
	工作区 定义了一个包络体，可在其中使用选定的工具轮廓到达所有点

机器人附件弹出窗口。

	创建附件 在两个对象间创建链接，以便在一个对象移动时另一个对象也随之移动

（续）

	移除附件 移除对象之间的附件
	编辑附件偏移

2.1.3 编程部分

操作栏的编程部分提供用于创建制造计划的命令。

	制造计划 创建制造计划
	机器指令
	头部变换
	后置处理指令 插入后置处理器指令
	加工轴更改
	复制操作指令
	倒置式加工条件
	合并后置处理指令 合并 PP 指令和词汇
	应用加工流程
	重排加工操作的顺序
	复制程序
	新建可见性操作

用于管理旋转和排序的弹出窗口。

	机器指令 创建一个或多个机床说明

（续）

	零件排序 创建零件排序
	机械旋转 创建加工旋转

用于管理换头和换刀的弹出窗口。

	头部变换 创建机床中的换头
	生成换刀 创建并插入换刀
	附件更改 在机床上创建安装和卸载配件操作

用于创建轴系的弹出窗口。

	加工轴更改 创建加工轴更改
	加工轴系 单击加工轴系

用于插入运算符指令的弹出窗口。

	复制操作指令 插入复制操作指令
	传递切除操作指令 插入传递切除操作指令
	复制变换指令 插入复制变换指令

用于管理加工条件的弹出窗口。

	倒置式加工条件 反转加工条件
	反转宏 反转加工宏条件
	换手加工选项 创建换手加工选项

用于应用加工流程的弹出窗口。

	应用加工流程 从目录应用加工流程
	新加工流程展示 创建加工流程展示
	现有加工流程展示 应用现有加工流程展示
	新建加工流程 创建加工流程

用于管理操作的弹出窗口。

	重新排序操作列表 对操作列表重新排序
	优先管理 可以定义、查看或删除两个加工操作之间的优先约束
	自动排序 自动排序操作
	规则管理器 创建自动操作排序的规则

用于管理程序的弹出窗口。

	复制程序 复制制造计划
	合并程序 合并制造计划

用于管理可视性、查看和文本的弹出窗口。

	新建颜色操作 创建一种颜色
	新建可见性操作 创建可视性操作
	新建文本操作 创建文本操作
	新建视点操作 创建视点操作

2.1.4 棱柱形加工区域

操作栏的棱柱形加工部分提供创建棱柱形加工操作的命令。

图标	说明
	棱柱形加工区域
	棱柱形粗加工
	轮廓绘制 创建轮廓绘制操作
	端面加工 创建平面铣削操作
	挖槽
	摆线铣削操作 创建次摆线铣削操作
	沿曲线加工 创建曲线跟随操作
	铣槽 创建旋转槽铣削操作
	点到点 创建点到点操作
	孔或销探测

用于创建棱柱形加工区域的弹出窗口。

图标	说明
	棱柱形加工区域 创建棱柱形加工区域
	棱柱形返工区域 为圆角和通道创建棱柱形返工区域

用于创建棱柱形粗加工操作的弹出窗口。

图标	说明
	棱柱形粗加工 创建棱柱形粗加工操作
	插入铣削 创建插入铣削操作

用于创建型腔铣削操作的弹出窗口。

图标	说明
	挖槽 创建型腔铣削操作
	4 轴挖槽 创建 4 轴型腔铣削操作

用于创建孔或销探测操作的弹出窗口。

	孔或销探测 创建孔或销探测操作
	开槽或肋探测 创建开槽或肋探测操作
	圆角探测 创建圆角探测操作
	多点探测 创建多点探测操作

2.1.5 曲面加工部分

操作栏的曲面加工部分提供创建曲面加工操作的命令。

	几何区域
	粗加工
	扫掠
	高级精加工
	铅笔
	Z 级
	轮廓驱动
	等参数加工
	螺线铣削
	多凹槽侧面轮廓

用于创建几何操作的弹出窗口。

	几何区域 创建几何区域

（续）

	加工/斜坡区域 创建加工或斜坡区
	偏移组 创建 3 轴偏移组
	返工区域 创建 3 轴返工区

用于创建粗加工操作的弹出窗口。

	粗加工 创建按水平平面进行零件粗加工的操作
	扫掠粗加工 创建按垂直平面进行零件粗加工的操作
	动力加工 创建粗加工操作以加工中心空腔和多型腔零件的侧面
	空腔粗加工 创建加工零件中心空腔的粗加工操作

用于创建扫掠操作的弹出窗口。

	扫掠 创建对已进行粗加工的整个零件进行加工的半精加工和精加工操作
	4 轴曲线扫掠 创建适用于样式零件的加工操作
	多轴扫掠 创建铣削操作，其中刀具路径在平行平面上执行时遵循用户定义的几何图形限制和加工策略参数

精加工操作的弹出窗口。

	高级精加工 一次性创建专用于加工旋转槽的操作
	加强肋 为所有选定的凸缘顶部创建单个精加工操作

轮廓驱动操作的弹出窗口。

	轮廓驱动 创建使用轮廓作为引导线的加工操作

（续）

	多轴轮廓驱动 创建铣削操作，其中刀具沿轮廓驱动，并遵循用户定义的几何图形限制和加工策略参数

用于创建螺旋铣削操作的弹出窗口。

	螺线铣削 创建不需要特别小刀具的加工操作
	多轴螺线铣削 创建加工凹槽或雕刻复杂曲面的加工操作
	多轴曲面雕刻 从曲面边界创建雕刻

用于轮廓铣削操作的弹出窗口。

	多凹槽侧面轮廓 为显示多个凹槽并带有明显视图方向的零件创建一个加工操作
	多轴侧面轮廓 创建多轴侧面轮廓铣削操作
	多轴曲线加工 创建铣削操作，其中刀具侧面顶端或接触点沿曲线驱动，并遵循用户定义的几何图形限制和加工策略
	多轴曲线雕刻 创建加工操作，以雕刻字母、条纹或铣削
	多轴管道加工 创建带有明显中心轴的加工操作
	多轴螺旋加工 生成单个螺旋刀具路径以铣削整个涡轮机械刀片
	叶轮轮毂加工 在可能带有分离器的扇形中，两个刀片之间的叶轮扇形上创建加工操作

2.1.6 车床加工部分

操作栏的车床加工部分提供创建车床加工操作的命令。

	粗车削 创建粗车削操作
	沟槽车削 创建凹槽车削操作

（续）

	斜坡粗车削 创建斜面粗车操作
	斜坡凹槽车削 创建斜面凹槽车削操作
	凹槽车削 创建旋转槽车削操作
	轮廓精车 创建轮廓精车操作
	凹槽精车 创建凹槽精车操作
	螺纹车削 创建螺纹车削操作
	连续车削 创建连续车削操作

2.1.7　轴向加工部分

操作栏的轴向加工部分提供创建轴向加工操作的命令。

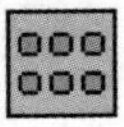	自动阵列创建
	钻孔
	攻螺纹
	镗孔
	铰孔 创建铰孔操作
	穿孔
	T 形开槽 创建 T 形开槽操作
	圆形铣削 创建圆形铣削操作
	顺序轴

用于阵列创建弹出窗口。

图标	说明
	自动阵列创建 创建可加工轴向特征的阵列
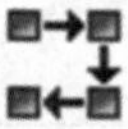	加工阵列 创建加工阵列
	全局特征识别 执行全局特征识别
	本地特征识别 执行局部特征识别

用于创建钻孔操作的弹出窗口。

图标	说明
	钻孔 创建钻孔操作
	点钻 创建定心钻操作
	钻孔闭模时间延迟 创建钻孔停留延迟操作
	深孔钻孔 创建深孔钻孔操作
	断屑钻 创建断屑钻孔操作

用于创建攻螺纹操作的弹出窗口。

图标	说明
	攻螺纹 创建攻螺纹操作
	反向攻螺纹 创建反向攻螺纹操作
	不带自攻头的螺纹 创建不带自攻头的螺纹操作
	螺纹铣削 创建螺纹铣削操作

用于创建镗孔操作的弹出窗口。

图标	说明
	镗孔 创建镗孔操作
	镗孔和倒角 创建镗孔和倒角操作

（续）

	钻轴停止 创建镗杆停转操作
	扩孔 创建沉头孔操作
	后向镗孔 创建反镗操作

用于创建埋头孔和倒角操作的弹出窗口。

	穿孔 创建埋头孔操作
	双面倒角 创建双面倒角操作

用于创建连续轴向和旋转槽操作的弹出窗口。

	顺序轴 创建连续轴向操作
	顺序旋转槽 创建连续旋转槽操作

2.1.8　分析和输出部分

操作栏的分析和输出部分提供从场景中分析和生成输出的命令。

	模拟对象 创建模拟对象
	新建制造场景
	新建数据读数
	新建加工碰撞坯料探测
	模拟并生成结果 模拟和生成给定场景的结果
	故障列表 显示故障详细信息的故障列表
	保存材料移除仿真结果 保存操作材料移除仿真的结果

（续）

	设计零件比较 显示剩余的圆凿和加工工件上的材料块区
	移除块区 从原坯料上删除剩余材料块区
	装配体上的刀具厚度 计算并报告装配体上的最小刀具厚度
	交互式生成 NC 代码
	创建 NC 批处理作业
	导入 APT、ClFile 或 NC 代码 输入一个 APT、ClFile 或 NC 代码文件

用于创建场景的弹出窗口。

	新建制造场景 创建新的制造场景
	新建加工场景 创建新的加工场景

用于创建分析的弹出窗口。

	数据读出 创建数据读数
	测量间距 创建测量间距
	新建干涉 创建干涉探测
	截面探测 创建截面探测
	相机取景器 创建一个新相机取景器
	运动轨迹 创建运动轨迹

用于创建探针的弹出窗口。

	新建加工碰撞坯料探测 创建新的加工碰撞原坯料探测

（续）

	新建机床碰撞探测 创建新的加工碰撞探测
	新建加工技术探测 创建新的加工技术探测

用于生成 NC 代码的弹出窗口。

	交互式生成 NC 代码
	创建 NC 文件容器

用于管理批处理作业的弹出窗口。

	创建并运行 NC 批处理计算作业
	管理批处理队列 管理批处理作业队列

2.1.9 视图部分

操作栏的视图部分提供隐藏或显示加工单元的命令。

1）隐藏需要着色（SHD）的对象，否则它们均设置为完全透明。

2）在材料移除模式中，对于仿真，零件设计设置为完全透明，以仅显示坯料。

3）如果激活在机床模拟期间显示刀具路径，当退出当前会话时，系统不会保留使用视图部分命令执行的修改。

	隐藏或显示零件元素
	隐藏或显示检查元素

以下命令在操作栏的所有部分中可用。

	隐藏或显示机床
	隐藏/显示附件 隐藏或显示机床附件
	隐藏/显示刀具路径 隐藏或显示刀具路径

（续）

	隐藏/显示刀架 隐藏或显示刀架
	隐藏/显示剪切坯料 在 ISO 代码模拟或刀具路径模拟期间通过车床加工工作平面切割坯料，隐藏或显示坯料 注意：无法使用铣床进行切割
	隐藏/显示坯料 隐藏或显示坯料 仅在激活材料移除时才可用
	隐藏/显示零件 隐藏或显示零件
	车削视图 将零件移动到车削视图
	隐藏/显示动态坯料分析选择以查看坯料的标准坯料或动态坯料的颜色映射分析

2.2 Prismatic Machining（棱柱形加工）

2.2.1 设置部分

操作栏设置部分的主要区域提供设置加工应用程序的命令。

	安装和导入资源，如制造产品、配件、适配器和刀具以配置机器
	通用机器 创建一般机床

在 Drilling and Riveting（钻孔和铆接）中，退出刀具装配体和资源创建位于设置部分的次要区域。

	现有刀具装配体
	资源创建 创建资源，如刀具、刀具刀架或刀具装配体
	零件操作 创建零件操作
	重用编程 将一个或多个程序从参考制造单元复制到其他制造单元

（续）

	将数据与规划同步
	原坯料 创建原坯料
	新建仿真状态

资源复合弹出窗口。

	现有刀具装配体 插入现有刀具装配体
	替换资源 从数据库替换资源
	导入/列出铣刀 从目录导入铣刀，或列出当前文档中的刀具
	导入/列出铣刀装配体 从目录导入铣刀装配体，或列出当前文档中的铣刀装配体
	导入/列出车床刀具装配体 从目录导入车床刀具装配体，或列出当前文档中的车床刀具装配体
	插入可用资源 插入支持资源

数据管理弹出窗口。

	将数据与规划同步 将规划数据与加工数据同步

资源状态管理弹出窗口。

	新建仿真状态 创建模拟状态
	新建复合仿真状态 创建复合模拟状态
	从设计恢复 将对象恢复到设计状态
	从设计恢复全部 将所有对象恢复到其设计状态
	来自制造设置链接的新模拟状态 从制造产品链接创建仿真状态

2.2.2 编程部分

操作栏的编程部分提供用于创建制造计划的命令

	制造计划 创建制造计划
	机器指令
	头部变换
	后置处理指令 插入后置处理器指令
	加工轴更改
	复制操作指令
	倒置式加工条件
	合并后置处理指令 合并 PP 指令和词汇
	应用加工流程
	重排加工操作的顺序
	复制程序
	新建可见性操作

用于管理旋转和排序的弹出窗口。

	机器指令 创建一个或多个机床说明
	零件排序 创建零件排序
	机械旋转 创建加工旋转

用于管理换头和换刀的弹出窗口。

图标	说明
	头部变换 创建机床中的换头
	生成换刀 创建并插入换刀
	附件更改 在机床上创建安装和卸载配件操作

用于创建轴系的弹出窗口。

图标	说明
	加工轴更改 创建加工轴更改
	加工轴系 单击加工轴系

用于插入运算符指令的弹出窗口。

图标	说明
	复制操作指令 插入复制操作指令
	传递切除操作指令 插入传递切除操作指令
	复制变换指令 插入复制变换指令

用于管理加工条件的弹出窗口。

图标	说明
	倒置式加工条件 反转加工条件
	反转宏 反转加工宏条件
	换手加工选项 创建换手加工选项

用于应用加工流程的弹出窗口。

图标	说明
	应用加工流程 从目录应用加工流程
	新加工流程展示 创建加工流程展示
	现有加工流程展示 应用现有加工流程展示
	新建加工流程 创建加工流程

用于管理操作的弹出窗口。

图标	说明
	重新排序操作列表 对操作列表重新排序
	优先管理 可以定义、查看或删除两个加工操作之间的优先约束
	自动排序 自动排序操作
	规则管理器 创建自动操作排序的规则

用于管理程序的弹出窗口。

图标	说明
	复制程序 复制制造计划
	合并程序 合并制造计划

用于管理可视性、查看和文本的弹出窗口。

图标	说明
	新建颜色操作 创建一种颜色
	新建可见性操作 创建可视性操作
	新建文本操作 创建文本操作
	新建视点操作 创建视点操作

2.2.3 棱柱形加工区域

操作栏的棱柱形加工部分提供创建棱柱形加工操作的命令。

图标	说明
	棱柱形加工区域
	棱柱形粗加工
	轮廓绘制 创建轮廓绘制操作
	端面加工 创建平面铣削操作

（续）

	挖槽
	摆线铣削操作 创建次摆线铣削操作
	沿曲线加工 创建曲线跟随操作
	铣槽 创建旋转槽铣削操作
	点到点 创建点到点操作
	孔或销探测

用于创建棱柱形加工区域的弹出窗口。

	棱柱形加工区域 创建棱柱形加工区域
	棱柱形返工区域 为圆角和通道创建棱柱形返工区域

用于创建棱柱形粗加工操作的弹出窗口。

	棱柱形粗加工 创建棱柱形粗加工操作
	插入铣削 创建插入铣削操作

用于创建型腔铣削操作的弹出窗口。

	挖槽 创建型腔铣削操作
	4 轴挖槽 创建 4 轴型腔铣削操作

用于创建孔或销探测操作的弹出窗口。

	孔或销探测 创建孔或销探测操作
	开槽或肋探测 创建开槽或肋探测操作

（续）

	圆角探测 创建圆角探测操作
	多点探测 创建多点探测操作

2.2.4 轴向加工部分

操作栏的轴向加工部分提供创建轴向加工操作的命令。

	自动阵列创建
	钻孔
	攻螺纹
	镗孔
	铰孔 创建铰孔操作
	穿孔
	T 形开槽 创建 T 形开槽操作
	圆形铣削 创建圆形铣削操作
	顺序轴

阵列创建弹出窗口。

	自动阵列创建 创建可加工轴向特征的阵列
	加工阵列 创建加工阵列
	全局特征识别 执行全局特征识别
	本地特征识别 执行局部特征识别

用于创建钻孔操作的弹出窗口。

	钻孔 创建钻孔操作
	点钻 创建定心钻操作
	钻孔闭模时间延迟 创建钻孔停留延迟操作
	深孔钻孔 创建深孔钻孔操作
	断屑钻 创建断屑钻孔操作

用于创建攻螺纹操作的弹出窗口。

	攻螺纹 创建攻螺纹操作
	反向攻螺纹 创建反向攻螺纹操作
	不带自攻头的螺纹 创建不带自攻头的螺纹操作
	螺纹铣削 创建螺纹铣削操作

用于创建镗孔操作的弹出窗口。

	镗孔 创建镗孔操作
	镗孔和倒角 创建镗孔和倒角操作
	钻轴停止 创建镗杆停转操作
	扩孔 创建沉头孔操作
	后向镗孔 创建反镗操作

用于创建埋头孔和倒角操作的弹出窗口。

	穿孔 创建埋头孔操作
	双面倒角 创建双面倒角操作

用于创建连续轴向和旋转槽操作的弹出窗口。

	顺序轴 创建连续轴向操作
	顺序旋转槽 创建连续旋转槽操作

2.2.5 分析和输出部分

操作栏的分析和输出部分提供从场景中分析和生成输出的命令。

	模拟对象 创建模拟对象
	新建制造场景
	新建数据读数
	新建加工碰撞坯料探测
	模拟并生成结果 模拟和生成给定场景的结果
	故障列表 显示故障详细信息的故障列表
	保存材料移除仿真结果 保存操作材料移除仿真的结果
	设计零件比较 显示剩余的圆凿和加工工件上的材料块区
	移除块区 从原坯料上删除剩余材料块区
	交互式生成 NC 代码
	创建 NC 批处理作业
	导入 APT、ClFile 或 NC 代码 输入一个 APT、ClFile 或 NC 代码文件

用于创建场景的弹出窗口。

	新建制造场景 创建新的制造场景
	新建加工场景 创建新的加工场景

用于创建分析的弹出窗口。

图标	说明
	数据读出 创建数据读数
	测量间距 创建测量间距
	新建干涉 创建干涉探测
	截面探测 创建截面探测
	相机取景器 创建一个新相机取景器
	运动轨迹 创建运动轨迹

用于创建探针的弹出窗口。

图标	说明
	新建加工碰撞坯料探测 创建新的加工碰撞原坯料探测
	新建机床碰撞探测 创建新的加工碰撞探测
	新建加工技术探测 创建新的加工技术探测

用于生成 NC 代码的弹出窗口。

图标	说明
	交互式生成 NC 代码
	创建 NC 文件容器

用于管理批处理作业的弹出窗口。

图标	说明
	创建并运行 NC 批处理计算作业
	管理批处理队列 管理批处理作业队列

2.2.6 视图部分

操作栏的视图部分提供隐藏或显示加工单元的命令。

1）隐藏需要着色（SHD）的对象，否则它们均设置为完全透明。

2）在材料移除模式中，对于仿真，零件设计设置为完全透明，以仅显示坯料。

3）如果激活在机床模拟期间显示刀具路径，当您退出当前会话时，系统不会保留使用视图部分命令执行的修改。

	隐藏或显示零件元素
	隐藏或显示检查元素

以下命令在操作栏的所有部分中可用。

	隐藏或显示机床
	隐藏或显示机床附件
	隐藏或显示刀具路径
	隐藏或显示刀架
	隐藏或显示剪切坯料 在 ISO 代码模拟或刀具路径模拟期间通过车床加工工作平面切割坯料，隐藏或显示坯料 注：无法使用铣床进行切割
	隐藏或显示坯料 仅在激活材料移除时才可用
	隐藏或显示零件
	车削视图 将零件移动到车削视图
	隐藏/显示动态坯料分析 选择以查看坯料的标准坯料或动态坯料的颜色映射分析

2.3 Milling Machining（铣削加工）

2.3.1 设置部分

操作栏设置部分的主要区域提供设置加工应用程序的命令。

	安装和导入资源，如制造产品、配件、适配器和刀具以配置机器
	通用机器 创建一般机床

在 Drilling and Riveting 中，退出刀具装配体和资源创建位于设置部分的次要区域。

	现有刀具装配体
	资源创建 创建资源，如刀具、刀具刀架或刀具装配体
	零件操作 创建零件操作
	重用编程 将一个或多个程序从参考制造单元复制到其他制造单元
	将数据与规划同步
	原坯料 创建原坯料
	点创建向导
	新建仿真状态

资源复合弹出窗口。

	现有刀具装配体 插入现有刀具装配体
	替换资源 从数据库替换资源
	导入/列出铣刀 从目录导入铣刀，或列出当前文档中的刀具
	导入/列出铣刀装配体 从目录导入铣刀装配体，或列出当前文档中的铣刀装配体
	导入/列出车床刀具装配体 从目录导入车床刀具装配体，或列出当前文档中的车床刀具装配体
	插入可用资源 插入支持资源

数据管理弹出窗口。

	将数据与规划同步 将规划数据与加工数据同步

向导使用弹出窗口。

	点创建向导 提供创建点的向导
	极限线创建向导 提供创建直线的向导

资源状态管理弹出窗口。

	新建仿真状态 创建模拟状态
	新建复合仿真状态 创建复合模拟状态
	从设计恢复 将对象恢复到设计状态
	从设计恢复全部 将所有对象恢复到其设计状态
	来自制造设置链接的新模拟状态 从制造产品链接创建仿真状态

2.3.2 编程部分

操作栏的编程部分提供用于创建制造计划的命令。

	安装和导入资源 安装和导入资源，如制造产品、配件、适配器和刀具以配置机器
	通用机器 创建一般机床

在 Drilling and Riveting（钻孔和铆接）中，退出刀具装配体和资源创建位于设置部分的次要区域。

	现有刀具装配体
	资源创建 创建资源，如刀具、刀具刀架或刀具装配体

（续）

	零件操作 创建零件操作
	重用编程 将一个或多个程序从参考制造单元复制到其他制造单元
	将数据与规划同步
	原材料 创建原坯料
	点创建向导
	新建仿真状态

资源复合弹出窗口。

	现有刀具装配体 插入现有刀具装配体
	替换资源 从数据库替换资源
	导入/列出铣刀 从目录导入铣刀，或列出当前文档中的刀具
	导入/列出铣刀装配体 从目录导入铣刀装配体，或列出当前文档中的铣刀装配体
	导入/列出车床刀具装配体 从目录导入车床刀具装配体，或列出当前文档中的车床刀具装配体
	插入可用资源 插入支持资源

数据管理弹出窗口。

	将数据与规划同步 将规划数据与加工数据同步

向导使用弹出窗口。

	点创建向导 提供创建点的向导

（续）

	极限线创建向导 提供创建直线的向导
	点创建向导 提供创建点的向导
	极限线创建向导 提供创建直线的向导

资源状态管理弹出窗口。

	新建仿真状态 创建模拟状态
	新建复合仿真状态 创建复合模拟状态
	从设计恢复 将对象恢复到设计状态
	从设计恢复全部 将所有对象恢复到其设计状态
	来自制造设置链接的新模拟状态 从制造产品链接创建仿真状态

2.3.3 棱柱形加工区域

操作栏的棱柱形加工部分提供创建棱柱形加工操作的命令。

	棱柱形加工区域
	棱柱形粗加工
	轮廓绘制 创建轮廓绘制操作
	端面加工 创建平面铣削操作
	挖槽
	摆线铣削操作 创建次摆线铣削操作
	沿曲线加工 创建曲线跟随操作

（续）

	铣槽 创建旋转槽铣削操作
	点到点 创建点到点操作
	孔或销探测

用于创建棱柱形加工区域的弹出窗口。

	棱柱形加工区域 创建棱柱形加工区域
	棱柱形返工区域 为圆角和通道创建棱柱形返工区域

用于创建棱柱形粗加工操作的弹出窗口。

	棱柱形粗加工 创建棱柱形粗加工操作
	插入铣削 创建插入铣削操作

用于创建型腔铣削操作的弹出窗口。

	挖槽 创建型腔铣削操作
	4 轴挖槽 创建 4 轴型腔铣削操作

用于创建孔或销探测操作的弹出窗口。

	孔或销探测 创建孔或销探测操作
	开槽或肋探测 创建开槽或肋探测操作
	圆角探测 创建圆角探测操作
	多点探测 创建多点探测操作

2.3.4 曲面加工部分

操作栏的曲面加工部分提供创建曲面加工操作的命令。

	几何区域
	粗加工
	扫掠
	高级精加工 一次性创建专用于加工旋转槽的操作
	铅笔
	Z 级
	轮廓驱动 创建使用轮廓作为引导线的加工操作
	等参数加工
	螺线铣削 创建不需要特别小的刀具的加工操作

用于创建几何操作的弹出窗口。

	几何区域 创建几何区域
	加工/斜坡区域 创建加工或斜坡区
	偏移组 创建 3 轴偏移组
	返工区域 创建 3 轴返工区

用于创建粗加工操作的弹出窗口。

	粗加工 创建按水平平面进行零件粗加工的操作
	扫掠粗加工 创建按垂直平面进行零件粗加工的操作

用于创建扫掠操作的弹出窗口。

图标	说明
	扫掠 创建对已进行粗加工整个零件进行加工的半精加工和精加工操作
	4 轴曲线扫掠 创建适用于样式零件的加工操作

2.3.5　轴向加工部分

操作栏的轴向加工部分提供创建轴向加工操作的命令。

图标	说明
	自动阵列创建
	钻孔
	攻螺纹
	镗孔
	铰孔 创建铰孔操作
	穿孔
	T 形开槽 创建 T 形开槽操作
	圆形铣削 创建圆形铣削操作
	顺序轴

阵列创建弹出窗口。

图标	说明
	自动阵列创建 创建可加工轴向特征的阵列
	加工阵列 创建加工阵列

（续）

	全局特征识别 执行全局特征识别
	本地特征识别 执行局部特征识别

用于创建钻孔操作的弹出窗口。

	钻孔 创建钻孔操作
	点钻 创建定心钻操作
	钻孔闭模时间延迟 创建钻孔停留延迟操作
	深孔钻孔 创建深孔钻孔操作
	断屑钻 创建断屑钻孔操作

用于创建攻螺纹操作的弹出窗口。

	攻螺纹 创建攻螺纹操作
	反向攻螺纹 创建反向攻螺纹操作
	不带自攻头的螺纹 创建不带自攻头的螺纹操作
	螺纹铣削 创建螺纹铣削操作

用于创建镗孔操作的弹出窗口。

	镗孔 创建镗孔操作
	镗孔和倒角 创建镗孔和倒角操作
	钻轴停止 创建镗杆停转操作

（续）

	扩孔 创建沉头孔操作
	后向镗孔 创建反镗操作

用于创建埋头孔和倒角操作的弹出窗口。

	穿孔 创建埋头孔操作
	双面倒角 创建双面倒角操作

用于创建连续轴向和旋转槽操作的弹出窗口。

	顺序轴 创建连续轴向操作
	顺序旋转槽 创建连续旋转槽操作

2.3.6　分析和输出部分

操作栏的分析和输出部分提供从场景中分析和生成输出的命令。

	模拟对象 创建模拟对象
	新建制造场景
	新建数据读数
	新建加工碰撞坯料探测
	模拟并生成结果 模拟和生成给定场景的结果
	故障列表 显示故障详细信息的故障列表
	保存材料移除仿真结果 保存操作材料移除仿真的结果

（续）

	设计零件比较 显示剩余的圆凿和加工工件上的材料块区
	移除块区 从原坯料上删除剩余材料块区
	装配体上的刀具厚度 计算并报告装配体上的最小刀具厚度
	交互式生成 NC 代码
	创建 NC 批处理作业
	导入 APT、ClFile 或 NC 代码 输入一个 APT、ClFile 或 NC 代码文件

用于创建场景的弹出窗口。

	新建制造场景 创建新的制造场景
	新建加工场景 创建新的加工场景

用于创建分析的弹出窗口。

	数据读出 创建数据读数
	测量间距 创建测量间距
	新建干涉 创建干涉探测
	截面探测 创建截面探测
	相机取景器 创建一个新相机取景器
	运动轨迹 创建运动轨迹

用于创建探针的弹出窗口。

	新建加工碰撞坯料探测 创建新的加工碰撞原坯料探测

（续）

	新建机床碰撞探测 创建新的加工碰撞探测
	新建加工技术探测 创建新的加工技术探测

用于生成 NC 代码的弹出窗口。

	交互式生成 NC 代码
	创建 NC 文件容器

用于管理批处理作业的弹出窗口。

	创建并运行 NC 批处理计算作业
	管理批处理队列 管理批处理作业队列

2.3.7　视图部分

操作栏的视图部分提供隐藏或显示加工单元的命令。

1）隐藏需要着色（SHD）的对象，否则它们均设置为完全透明。

2）在材料移除模式中，对于仿真，零件设计设置为完全透明，以仅显示坯料。

3）如果激活在机床模拟期间显示刀具路径，当退出当前会话时，系统不会保留使用视图部分命令执行的修改。

	隐藏或显示零件元素
	隐藏或显示检查元素

以下命令在操作栏的所有部分中可用。

	隐藏或显示机床
	隐藏或显示机床附件
	隐藏或显示刀具路径

（续）

	隐藏或显示刀架
	隐藏或显示剪切坯料 在 ISO 代码模拟或刀具路径模拟期间通过车床加工工作平面切割坯料，隐藏或显示坯料 注意：无法使用铣床进行切割
	隐藏或显示坯料 仅在激活材料移除时才可用
	隐藏或显示零件
	车削视图 将零件移动到车削视图
	隐藏/显示动态坯料分析 选择以查看坯料的标准坯料或动态坯料的颜色映射分析

2.4 Multi-Axis Machining（多轴加工）

2.4.1 设置部分：主要区域

操作栏设置部分的主要区域提供设置加工应用程序的命令。

	安装和导入资源，如制造产品、配件、适配器和刀具以配置机器
	通用机器 创建一般机床

Drilling and Riveting（钻孔和铆接）的退出刀具装配体和资源创建模块。

	现有刀具装配体
	资源创建 创建资源，如刀具、刀具刀架或刀具装配体
	零件操作 创建零件操作
	重用编程 将一个或多个程序从参考制造单元复制到其他制造单元
	将数据与规划同步

（续）

	原坯料 创建原坯料
	点创建向导
	新建仿真状态

资源复合弹出窗口。

	现有刀具装配体 插入现有刀具装配体
	替换资源 从数据库替换资源
	导入/列出铣刀 从目录导入铣刀，或列出当前文档中的刀具
	导入/列出铣刀装配体 从目录导入铣刀装配体，或列出当前文档中的铣刀装配体
	导入/列出车床刀具装配体 从目录导入车床刀具装配体，或列出当前文档中的车床刀具装配体
	插入可用资源 插入支持资源
	现有产品或资源 插入现有产品或资源 使用顶层工具栏的搜索选择制造单元和搜索现有产品或资源

数据管理弹出窗口。

	将数据与规划同步 将规划数据与加工数据同步

向导使用弹出窗口。

	点创建向导 提供创建点的向导
	极限线创建向导 提供创建直线的向导

资源状态管理弹出窗口。

	新建仿真状态 创建模拟状态

（续）

	新建复合仿真状态 创建复合模拟状态
	从设计恢复 将对象恢复到设计状态
	从设计恢复全部 将所有对象恢复到其设计状态
	来自制造设置链接的新模拟状态 从制造产品链接创建仿真状态

2.4.2 设置部分：次要区域

设置部分的次要区域提供用于使用机器人的命令，位于 Mill-Turn Machining 和 Multi-Axis Machining 中。

	控制设备 插入控制设备资源，该资源为工作资源 在想在其中创建控制设备资源的资源结构中选择父级
	运动控制器 创建运动控制器以驱动机器人设备
	创建附件
	转折机械装置 操作机械装置的命令（或接合）
	工作区 定义了一个包络体，可在其中使用选定的工具轮廓到达所有点

机器人附件弹出窗口。

	创建附件 在两个对象之间创建链接，以便在一个对象移动时另一对象也随之移动
	移除附件 移除对象之间的附件
	编辑附件偏移

2.4.3 编程部分

操作栏的编程部分提供用于创建制造计划的命令。

	制造计划 创建制造计划
	机器指令
	头部变换
	后置处理指令 插入后置处理器指令
	加工轴更改
	复制操作指令
	倒置式加工条件
	合并后置处理指令 合并 PP 指令和词汇
	应用加工流程
	重排加工操作的顺序
	复制程序
	新建可见性操作

用于管理旋转和排序的弹出窗口。

	机器指令 创建一个或多个机床说明
	零件排序 创建零件排序
	机械旋转 创建加工旋转

用于管理换头和换刀的弹出窗口。

	头部变换 创建机床中的换头
	生成换刀 创建并插入换刀

（续）

	附件更改 在机床上创建安装和卸载配件操作

用于创建轴系的弹出窗口。

	加工轴更改 创建加工轴更改
	加工轴系 单击加工轴系

用于插入运算符指令的弹出窗口。

	复制操作指令 插入复制操作指令
	传递切除操作指令 插入传递切除操作指令
	复制变换指令 插入复制变换指令

用于管理加工条件的弹出窗口。

	倒置式加工条件 反转加工条件
	反转宏 反转加工宏条件
	换手加工选项 创建换手加工选项

用于应用加工流程的弹出窗口。

	应用加工流程 从目录应用加工流程
	新加工流程展示 创建加工流程展示
	现有加工流程展示 应用现有加工流程展示
	新建加工流程 创建加工流程

用于管理操作的弹出窗口。

	重新排序操作列表 对操作列表重新排序
	优先管理 可以定义、查看或删除两个加工操作之间的优先约束
	自动排序 自动排序操作
	规则管理器 创建自动操作排序的规则

用于管理程序的弹出窗口。

	复制程序 复制制造计划
	合并程序 合并制造计划

用于管理可视性、查看和文本的弹出窗口。

	新建颜色操作 创建一种颜色
	新建可见性操作 创建可视性操作
	新建文本操作 创建文本操作
	新建视点操作 创建视点操作

2.4.4　棱柱形加工区域

操作栏的棱柱形加工部分提供创建棱柱形加工操作的命令。

	棱柱形加工区域
	棱柱形粗加工
	轮廓绘制 创建轮廓绘制操作
	端面加工 创建平面铣削操作

（续）

	挖槽
	摆线铣削操作 创建次摆线铣削操作
	沿曲线加工 创建曲线跟随操作
	铣槽 创建旋转槽铣削操作
	点到点 创建点到点操作
	孔或销探测

用于创建棱柱形加工区域的弹出窗口。

	棱柱形加工区域 创建棱柱形加工区域
	棱柱形返工区域 为圆角和通道创建棱柱形返工区域

用于创建棱柱形粗加工操作的弹出窗口。

	棱柱形粗加工 创建棱柱形粗加工操作
	插入铣削 创建插入铣削操作

用于创建型腔铣削操作的弹出窗口。

	挖槽 创建型腔铣削操作
	4 轴挖槽 创建 4 轴型腔铣削操作

用于创建孔或销探测操作的弹出窗口。

	孔或销探测 创建孔或销探测操作
	开槽或肋探测 创建开槽或肋探测操作

（续）

	圆角探测 创建圆角探测操作
	多点探测 创建多点探测操作

2.4.5　曲面加工部分

操作栏的曲面加工部分提供创建曲面加工操作的命令。

	几何区域
	粗加工
	扫掠
	高级精加工
	铅笔
	Z 级
	轮廓驱动
	等参数加工
	螺线铣削
	多凹槽侧面轮廓

用于创建几何操作的弹出窗口。

	几何区域 创建几何区域
	加工/斜坡区域 创建加工或斜坡区
	偏移组 创建 3 轴偏移组

（续）

	返工区域 创建 3 轴返工区

用于创建粗加工操作的弹出窗口。

	粗加工 创建按水平平面进行零件粗加工的操作
	扫掠粗加工 创建按垂直平面进行零件粗加工的操作
	动力加工 创建粗加工操作以加工中心空腔和多型腔零件的侧面
	空腔粗加工 创建加工零件中心空腔的粗加工操作

用于创建扫掠操作的弹出窗口。

	扫掠 创建对已进行粗加工的整个零件进行加工的半精加工和精加工操作
	4 轴曲线扫掠 创建适用于样式零件的加工操作
	多轴扫掠 创建铣削操作，其中刀具路径在平行平面上执行时遵循用户定义的几何图形限制和加工策略参数

精加工操作的弹出窗口。

	高级精加工 一次性创建专用于加工旋转槽的操作
	加强肋 为所有选定的凸缘顶部创建单个精加工操作

轮廓驱动操作的弹出窗口。

	轮廓驱动 创建使用轮廓作为引导线的加工操作
	多轴轮廓驱动 创建铣削操作，其中刀具沿轮廓驱动，并遵循用户定义的几何图形限制和加工策略参数

用于创建螺旋铣削操作的弹出窗口。

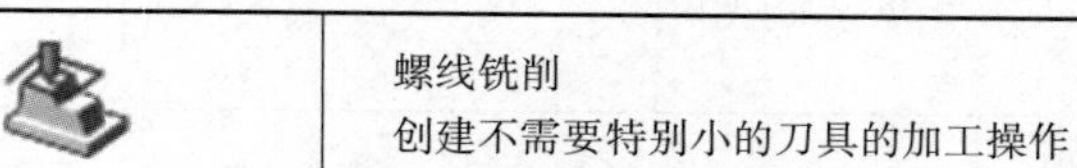	螺线铣削 创建不需要特别小的刀具的加工操作

（续）

	多轴螺线铣削 创建加工凹槽或雕刻复杂曲面的加工操作
	多轴曲面雕刻 从曲面边界创建雕刻

用于轮廓铣削操作的弹出窗口。

	多凹槽侧面轮廓 为显示多个凹槽并带有明显视图方向的零件创建一个加工操作
	多轴侧面轮廓 创建多轴侧面轮廓铣削操作
	多轴曲线加工 创建铣削操作，其中刀具侧面顶端或接触点沿曲线驱动，并遵循用户定义的几何图形限制和加工策略
	多轴曲线雕刻 创建加工操作，以雕刻字母、条纹或铣削
	多轴管道加工 创建带有明显中心轴的加工操作
	多轴螺旋加工 生成单个螺旋刀具路径以铣削整个涡轮机械刀片
	叶轮轮毂加工 在此可能带有分离器的扇形中，两个刀片间的叶轮扇形上创建加工操作

2.4.6　轴向加工部分

操作栏的轴向加工部分提供创建轴向加工操作的命令。

	自动阵列创建
	钻孔
	攻螺纹
	镗孔
	铰孔 创建铰孔操作
	穿孔

（续）

	T 形开槽 创建 T 形开槽操作
	圆形铣削
	顺序轴

阵列创建弹出窗口。

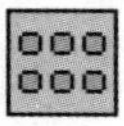	自动阵列创建 创建可加工轴向特征的阵列
	加工阵列 创建加工阵列
	全局特征识别 执行全局特征识别
	本地特征识别 执行局部特征识别

用于创建钻孔操作的弹出窗口。

	钻孔 创建钻孔操作
	点钻 创建定心钻操作
	钻孔闭模时间延迟 创建钻孔停留延迟操作
	深孔钻孔 创建深孔钻孔操作
	断屑钻 创建断屑钻孔操作

用于创建攻螺纹操作的弹出窗口。

	攻螺纹 创建攻螺纹操作
	反向攻螺纹 创建反向攻螺纹操作
	不带自攻头的螺纹 创建不带自攻头的螺纹操作

（续）

	螺纹铣削 创建螺纹铣削操作

用于创建镗孔操作的弹出窗口。

	镗孔 创建镗孔操作
	镗孔和倒角 创建镗孔和倒角操作
	钻轴停止 创建镗杆停转操作
	扩孔 创建沉头孔操作
	后向镗孔 创建反镗操作

用于创建埋头孔和倒角操作的弹出窗口。

	穿孔 创建埋头孔操作
	双面倒角 创建双面倒角操作

用于创建连续轴向和旋转槽操作的弹出窗口。

	顺序轴 创建连续轴向操作
	顺序旋转槽 创建连续旋转槽操作

2.4.7　分析和输出部分

操作栏的分析和输出部分提供从场景中分析和生成输出的命令。

	模拟对象 创建模拟对象
	新建制造场景
	新建数据读数

（续）

	新建加工碰撞坯料探测
	模拟并生成结果 模拟和生成给定场景的结果
	故障列表 显示故障详细信息的故障列表
	保存材料移除仿真结果 保存操作材料移除仿真的结果
	设计零件比较 显示剩余的圆凿和加工工件上的材料块区
	移除块区 从原坯料上删除剩余材料块区
	装配体上的刀具厚度 计算并报告装配体上的最小刀具厚度
	交互式生成 NC 代码
	创建 NC 批处理作业
	导入 APT、ClFile 或 NC 代码 输入一个 APT、ClFile 或 NC 代码文件

用于创建场景的弹出窗口。

	新建制造场景 创建新的制造场景
	新建加工场景 创建新的加工场景

用于创建分析的弹出窗口。

	数据读出 创建数据读数
	测量间距 创建测量间距
	新建干涉 创建干涉探测
	截面探测 创建截面探测

（续）

	相机取景器 创建一个新相机取景器
	运动轨迹 创建运动轨迹

用于创建探针的弹出窗口。

	新建加工碰撞坯料探测 创建新的加工碰撞原坯料探测
	新建机床碰撞探测 创建新的加工碰撞探测
	新建加工技术探测 创建新的加工技术探测
	新建加工碰撞坯料探测 创建新的加工碰撞原坯料探测
	新建机床碰撞探测 创建新的加工碰撞探测
	新建加工技术探测 创建新的加工技术探测

用于生成 NC 代码的弹出窗口。

	交互式生成 NC 代码
	创建 NC 文件容器

用于管理批处理作业的弹出窗口。

	创建并运行 NC 批处理计算作业
	管理批处理队列 管理批处理作业队列

2.4.8　视图部分

操作栏的视图部分提供隐藏或显示加工单元的命令。

1）隐藏需要着色（SHD）的对象，否则它们均设置为完全透明。

2）在材料移除模式中，对于仿真，零件设计设置为完全透明，以仅显示坯料。

3）如果激活在机床模拟期间显示刀具路径，当退出当前会话时，系统不会保留使用视图部分命令执行的修改。

图标	说明
	隐藏或显示零件元素
	隐藏或显示检查元素

以下命令在操作栏的所有部分中可用。

图标	说明
	隐藏或显示机床
	隐藏或显示机床附件
	隐藏或显示刀具路径
	隐藏或显示刀架
	隐藏或显示剪切坯料 在 ISO 代码模拟或刀具路径模拟期间通过车床加工工作平面切割坯料，隐藏或显示坯料 注意：无法使用铣床进行切割
	隐藏或显示坯料 仅在激活材料移除时才可用
	隐藏或显示零件
	车削视图 将零件移动到车削视图
	隐藏或显示动态坯料分析 选择以查看标准坯料或动态坯料的颜色映射分析

3

第3章 数字化车削加工与仿真

3.1 创建车削操作

通过同时使用两个转塔，创建平衡车削操作或跟随车削操作，可以充分利用粗车削操作的优势。如果通道和同步检查失败，则警告消息出现。如果同步的兼容性破坏，则不会创建同属操作。对于已创建的同属操作，除“刀具”选项卡外的所有选项卡页面均为空白。此任务介绍如何创建平衡车削操作和创建跟随车削操作。

1）创建一个带车铣机床和两个制造计划（制造计划.1和制造计划.2）的通用机床。

2）在“制造计划.1”的下方创建粗车削操作。

3.1.1 创建平衡车削操作

“平衡车削”选项卡提供了“上下文”菜单和参数，用于创建平衡车削操作。

(1) 打开“粗车削”对话框并转至“平衡车削”选项卡。

(2) 右击同属操作中的“无”。

1）在出现的“上下文”菜单中，选择“创建平衡车削”。

2）选择“制造计划.2”作为平衡车削操作的目标。

在“制造计划.2”的下方创建粗车削操作（在示例中是粗车削.4），将其称为同属操作。如果需要，则添加“刀具更换”。在原始粗车削操作（粗车削.1）和同属操作（粗车削.4）之间创建同步。在“平衡车削”选项卡中，新创建的操作的名称与默认的同属校正器一同显示在同属操作的下方。“上下文”菜单发生相应变化。

(3) 从列出可用于同属操作的所有刀具补偿的“同属校正器”列表中选择“刀具补偿”。

(4) 单击“刀具路径重放”以检查平衡车削操作的有效性。

(5) 单击“确定”以创建平衡车削操作。

3.1.2 创建跟随车削操作

可以利用创建跟随车削“上下文”菜单命令创建跟随车削操作。

(1) 右击“粗车操作”，将出现对话框。转至“跟随车削”选项卡。

(2) 右击同属操作中的“无”。

1）在出现的“上下文”菜单中，选择“创建跟随车削”。

2）选择“制造计划.2”作为跟随车削操作的目标。

在“制造计划.2”的下方创建粗车削操作（在示例中是粗车削.4），将其称为同属操作。原始粗车削操作被视为主操作，并可以处理奇数通过。同属粗车削操作被视为同属操作，并可以处理偶数通过。如果需要，则添加刀具更换。在原始粗车削操作（粗车削.1）和同属操作（粗车削.4）之间创建同步。在“跟随车削”选项卡中，新创建的操作的名称与默认的同属校正器和默认的参数一同显示在同属操作的下方。“上下文”菜单将变为“移除跟随车削”。

（3）指定启动从属通过的延迟（线性单位）。

（4）在“处理奇数路径”列表中选择“奇数路径的策略”。

1）开始时独立：主加工操作相应的奇数通过始终是第一次通过。

2）结束时独立：主加工操作相应的奇数通过是最后通过。

在这两种情况下，奇数通过未涉及的转塔会从开始位置移至结束位置以达到优化目的。

（5）从列表中选择“终点”。

1）无：通过结束时无同步。

2）升离结束：两个加工操作升离结束时同步。

（6）从“同属校正器”下拉菜单中选择“刀具补偿”。同属校正器显示了同属刀具上的所有可用刀具补偿。

（7）单击“刀具路径重放”以检查跟随车削操作的有效性。

（8）单击“确定”按钮以创建跟随车削操作。

3.1.3 创建粗车削操作

可以在制造计划中创建纵向、正面和平行轮廓粗车削操作。

1. 创建纵向粗车削操作

可以在制造计划中创建纵向粗车削操作。

（1）激活“制造计划”并单击“粗车”。将粗车削实体添加至制造计划。“粗车削”对话框出现，直接显示“几何图形”选项卡。

“几何图形”选项卡包括敏感区域，可以帮助指定要加工的几何图形。将零件和原坯料涂成红色，表示该几何图形为必选。其他所有几何图形均为可选。

（2）在“几何图形”选项卡中：

1）右击红色区域可帮助指定要按曲线或按面进行加工的几何图形（作为上下文菜单中的示例）。

2）单击“几何图形”选项卡中的红色零件区域，然后在工作区域中选择所需的零件轮廓。“自动链接类型选项”可以选择第一元素，然后选择要导航的元素，以完成轮廓选择。“轴向/径向 1”和“径向/轴向 2”链接选项也对轮廓选择有用。选定后，零件区域变为绿色，表示该几何图形现在已定义，如图 3-1 所示。

3）单击“几何图形”选项卡中的红色原坯料区域，然后在工作区域中选择所需的原坯料轮廓。选定后，原坯料区域变为绿色，表示该几何图形现在已定义，如图 3-2 所示。

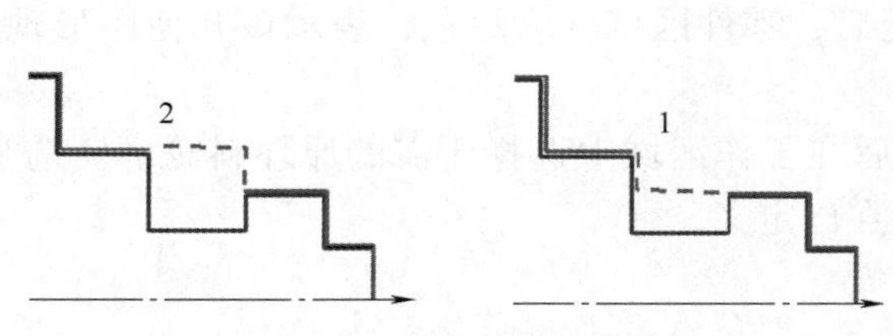

图 3-1　零件轮廓示意图

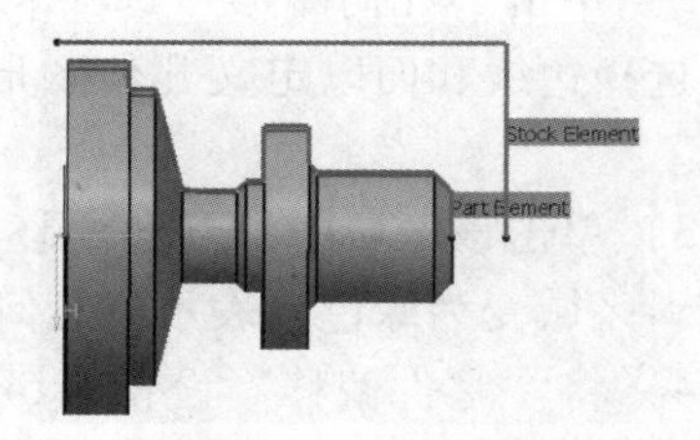

图 3-2　原坯料轮廓示意图

4）右击要分派局部值的几何图形，并选择“添加局部信息上下文菜单”命令。此时将出现对话框，以便分派所需的局部值。除了可以分派给零件轮廓的全局偏移，也可以添加局部偏移值。其他“上下文菜单”命令可用于管理局部信息。

5）将“零件偏移”设置为 5mm。

（3）选择“策略”选项卡。

1）指定加工策略参数。

① 粗加工模式：纵向。

② 方向：外部。

③ 位置：前方。

2）双击“最大剪切深度”。在“编辑属性”对话框中将该值设置为 2. 5mm 并单击“确定”按钮。

3）在“选项和用户参数”选项卡中定义其他参数。

（4）转至“刀具”选项卡以选择工具。

（5）选择“进给和速度”选项卡以指定加工操作的进给速度和主轴速度。

（6）选择“宏”选项卡以指定加工操作转换路径。

（7）单击“刀具路径重放”以检查加工操作的有效性。

1）系统将计算刀具路径。

2）系统将显示进度指示器。

3）在 100%完成之前可以随时取消刀具路径计算。

（8）单击“确定”按钮以创建加工操作。

2. 创建正面粗车削操作

可以在“制造计划”中插入“正面粗车削”操作。

（1）激活“制造计划”并单击“粗车”。将“粗车削”实体添加至“制造计划”。出现“粗车削”对话框，直接显示“几何图形”选项卡。

“几何图形”选项卡包括敏感区域，可以帮助指定要加工的几何图形。将零件和原坯料涂成红色，表示该几何图形为必选。其他所有几何图形均为可选。

（2）在“几何图形”选项卡中操作。

1）右击红色区域可帮助在包含按曲线、按面等选项的“上下文”菜单出现时指定要加工的几何图形。

2）单击“几何图形”选项卡中的红色零件区域，然后在工作区域中选择所需的零件轮廓。选择边线和面以定义几何图形，选定后，零件区域变为绿色，表示该几何图形现在已定义。

3）单击该区域中的红色原坯料，然后在工作区域中选择所需的原坯料轮廓。选定后，原坯料区域变为绿色，表示该几何图形现在已定义。

4）将“零件偏移”设置为5mm。

（3）选择“策略”选项卡。

1）指定加工策略参数。

① 方向：正面。

② 位置：外部。

③ 位置：前方。

2）双击“最大剪切深度”。在“编辑属性”对话框中将该值设置为2.5mm并单击“确定”。

3）在“选项”选项卡中，将“升离距离”设置为1.5mm。

4）在“选项”和“用户参数”选项卡中定义其他参数。

（4）转至“刀具”选项卡以选择工具。

（5）选择“进给和速度”选项卡以指定加工操作的进给速度和主轴速度。

（6）选择“宏”选项卡以指定所需的转换路径。对于此类加工操作，进刀链接和退刀链接动作可中断。

（7）单击“刀具路径重放”以检查加工操作的有效性。

1）系统将计算刀具路径。

2）系统将显示进度指示器。

3）在100%完成之前可以随时取消刀具路径计算。

（8）单击“确定”按钮以创建加工操作。

3. 创建平行轮廓粗车削操作

可以在“制造计划”中插入“平行轮廓粗车削”操作。

（1）激活“制造计划”并单击“粗车”。将粗车削实体添加至“制造计划”。“粗车削”对话框出现，直接显示“几何图形”选项卡。

“几何图形”选项卡包括敏感区域，可以帮助指定要加工的几何图形。将零件和原坯料涂成红色，表示该几何图形为必选。其他所有几何图形均为可选。

（2）在“几何图形”选项卡中。

1）右击红色区域可帮助指定要加工的几何图形。

2）单击“几何图形”选项卡中的红色零件区域，然后在工作区域中选择所需的零件轮廓。选择边线和面以定义几何图形，选定后，零件区域变为绿色，表示该几何图形现在已定义。

3）单击该区域中的红色原坯料，然后在工作区域中选择所需的原坯料轮廓，选定后，原坯料区域变为绿色，表示该几何图形现在已定义。

（3）选择“策略” 选项卡。

1）指定加工策略参数。

① 粗加工模式：平行轮廓。

② 方向：外部。

③ 位置：前方。

④ 加工方向：朝机头原坯料。

2）双击“剪切的轴向深度”。在“编辑属性”对话框中将该值设置为 3mm 并单击“确定”。

3）双击“剪切的径向深度”。在“编辑属性”对话框中将该值设置为 3mm 并单击“确定”。

4）在“选项”和“用户参数”选项卡中定义其他参数。选中“凹槽加工”复选框时，剪切的轴向深度和剪切的径向深度必须有合适的值，以确保无碰撞的刀具路径。

（4）转至“刀具” 选项卡以选择工具。

（5）选择“进给和速度” 选项卡以指定加工操作的进给速度和主轴速度。

（6）选择“宏” 选项卡以指定操作的转换路径。

（7）单击“刀具路径重放” 以检查加工操作的有效性。

1）系统将计算刀具路径。

2）系统将显示进度指示器。

3）在 100%完成之前可以随时取消刀具路径计算。

（8）单击“确定”按钮以创建“加工操作”。粗车削，显示粗车削操作的加工区域，如图 3-3 所示。

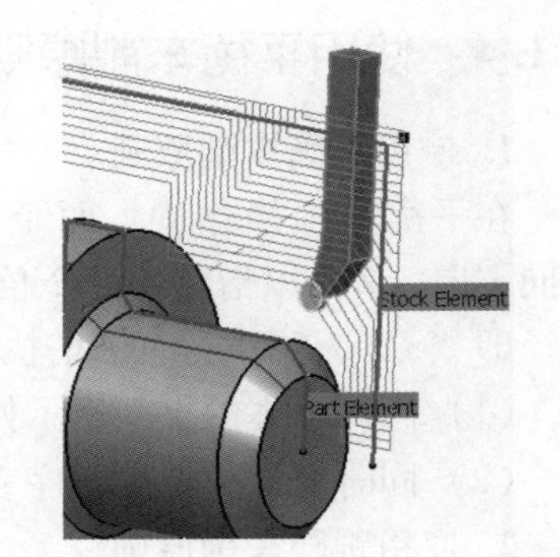

图 3-3　平行轮廓粗车刀具路径

4. 创建同心粗车削操作

可以在“制造计划”中插入“同心粗车削”操作，仅可用于圆形刀片。

（1）激活“制造计划”并单击“粗车” 。将粗车削实体添加至“制造计划”。“粗车削”对话框出现，直接显示“几何图形” 选项卡。

“几何图形”选项卡包括敏感区域，可以帮助指定要加工的几何图形。将零件和原坯料涂成红色，表示该几何图形为必选。其他所有几何图形均为可选。

（2）在“几何图形”选项卡中。

1）右击红色区域可帮助在包含按曲线、按面等选项的“上下文”菜单出现时指定要加工的几何图形。

2）单击“几何图形”选项卡中的红色零件区域，然后在工作区域中选择所需的零件轮廓。选择边线和面以定义几何图形，选定后，零件区域变为绿色，表示该几何图形现在已定义。

3）单击该区域中的红色原坯料，然后在工作区域中选择所需的原坯料轮廓，选定后，原坯料区域变为绿色，表示该几何图形现在已定义。

（3）选择“策略”选项卡。

1）指定加工策略参数。

2）粗加工模式：同心。

3）方向：外部。

4）位置：前方。

5）加工方向：朝机头原坯料。

① 双击“剪切的径向深度”。在“编辑属性”对话框中将该值设置为3mm并单击“确定”按钮。

② 在“选项”和“用户参数”选项卡中定义其他参数。

（4）转至“刀具”选项卡以选择工具。

（5）选择“进给和速度”选项卡以指定加工操作的进给速度和主轴速度。

（6）选择“宏”选项卡以指定操作的转换路径。

（7）单击“刀具路径重放”以检查加工操作的有效性。

1）系统将计算刀具路径。

2）系统将显示进度指示器。

3）在100%完成之前可以随时取消刀具路径计算。

（8）单击“确定”以创建“加工操作”。粗车削，显示粗车削操作的加工区域，如图3-4所示。

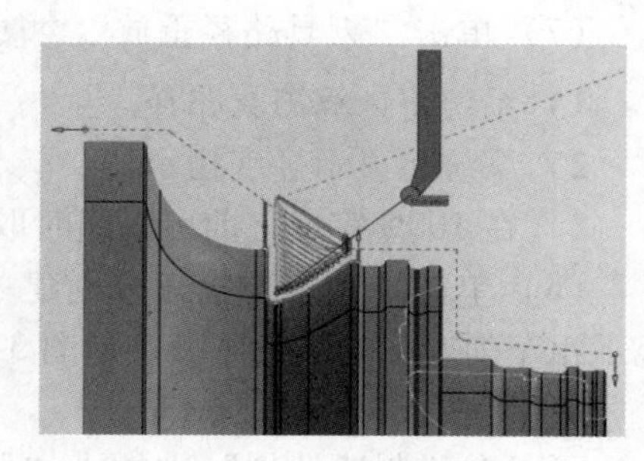

图 3-4　同心粗车削加工区域

3.1.4　使用平衡车削原则和跟随车削原则

1. 使用平衡车削原则

在平衡车削操作中，两个刀具在相同直径（X）、相同方向（Z）以指定速度2倍的速度工作。相同刀具路径即“n”刀路由每个转塔执行。

（1）同时处理的空间表示如图3-5所示。

（2）同时处理模式的时序表示如图3-6所示。

2. 使用跟随车削原则

在跟随车削操作中，给定刀具路径通过两个转塔共享，例如，偶数通过分派给第一转塔（视为主转塔），奇数通过分派给第二转塔（视为同属转塔）。主转塔车床位于给定直径（X），同属车床位于以下路径（$X-2p$）的直径。主转塔车床位于给定位置（Z），同属车床稍微偏后（$Z\pm\Delta Z$），此延迟使同属车床永远不会超过主车床。

（1）延迟模式的空间表示如图3-7所示。

（2）延迟模式的时序表示如图3-8所示。

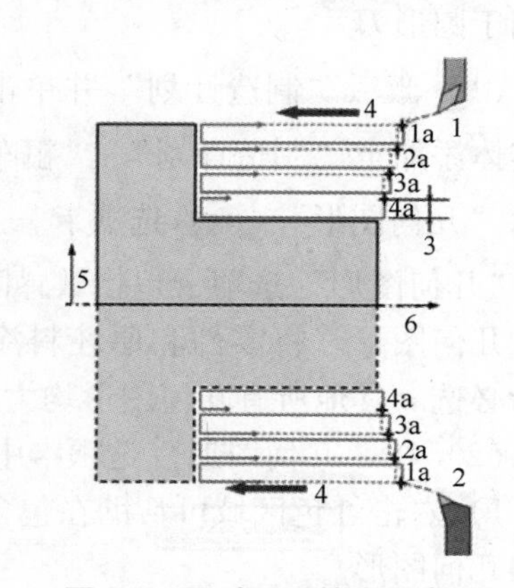

图 3-5　同时处理的空间表示

1—转塔1　2—转塔2　3—指定切削深度　4—两次指定的进给速度　5—X　6—Z

注意：每条刀路（1a~4a）已被有意在“Z”方向略微移动以获得更清晰的图片。

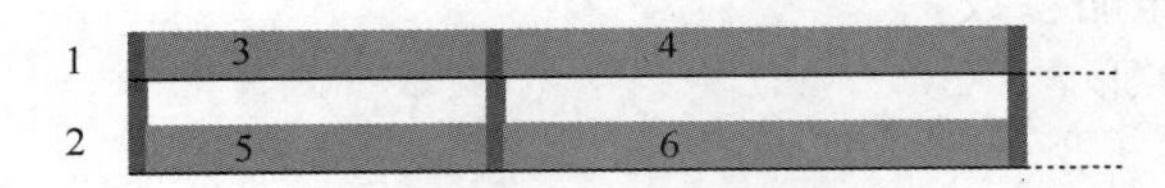

图 3-6　同时处理模式的时序表示

1—转塔 1　2—转塔 2　3—路径 1　4—路径 2　5—路径 1′　6—路径 2′

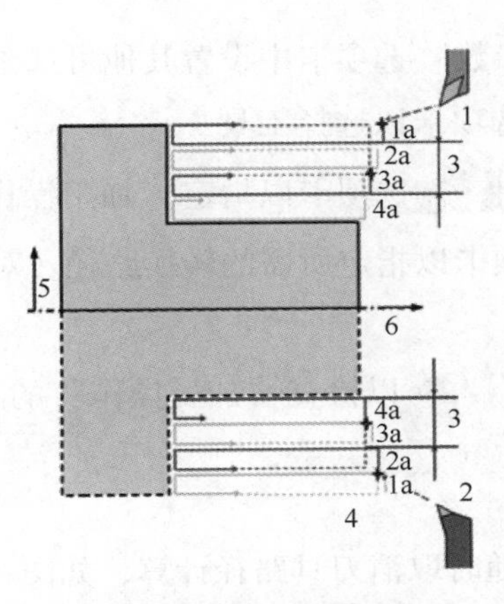

图 3-7　延迟模式的空间表示

1—转塔 1　2—转塔 2　3—两次指定的切削深度　4—+增量“t”　5—X　6—Z

注：每条刀路（1a~4a）已被有意在“Z”方向略微移动以获得更清晰的图片。

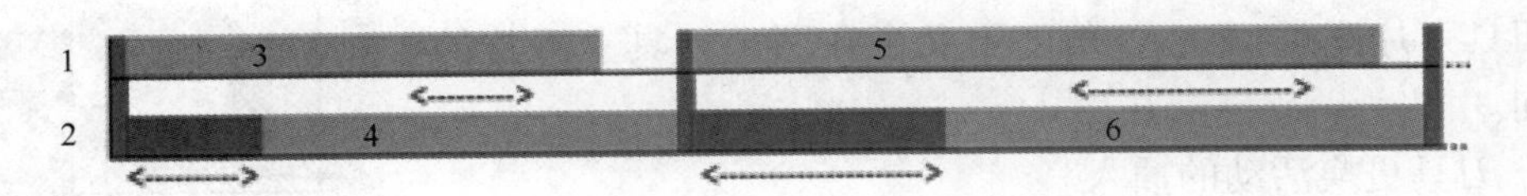

图 3-8　延迟模式的时序表示

1—转塔 1　2—转塔 2　3—路径 1　4—路径 2　5—路径 3　6—路径 4

3.1.5　创建沟槽车削操作

（1）激活“制造计划”并单击“凹槽车削”。将“沟槽车削”实体添加至“制造计划”。出现“沟槽车削”对话框，直接显示“几何图形”选项卡。

“几何图形”选项卡包括敏感区域，可以帮助指定要加工的几何图形。将零件和原坯料涂成红色，表示该几何图形为必选。

（2）在“几何图形”选项卡中操作。

1）单击“几何图形”选项卡中的红色零件区域，然后在工作区域中选择所需的零件轮廓。

2）以相同的方式选择原坯料区域。零件和原坯料区域变为绿色，表示该几何图形现在已定义。

（3）选择“策略”选项卡。

1）指定主要加工策略参数。

① 凹槽模式：之字形。

② 方向：外部。

③ 加工方向：朝机头原坯料。

2）双击“最大剪切深度”。在“编辑属性”对话框中将该值设置为 2.5mm 并单击“确定”。

3）在“选项”和“用户参数”选项卡中设置其他可选参数。

（4）转至“刀具” 选项卡以选择工具。

（5）选择“进给和速度” 选项卡以指定“加工操作”的进给速度和主轴速度。

（6）选择“宏” 选项卡以指定所需的转换路径。对于此类加工操作，进刀链接和退刀链接动作可中断。

（7）单击“刀具路径重放” 以检查“加工操作”的有效性。

1）系统将计算刀具路径。

2）系统将显示进度指示器。

3）在 100%完成之前可以随时取消刀具路径计算，如图 3-9 所示。

（8）单击“确定”以创建加工操作。

平衡车削和跟随车削操作的公共信息介绍如下。

（1）刀具兼容性。

两个刀具上的刀片（类型和几何图形等）和刀片方向完全相同。刀具刀片座类型和 κ_r 角度定义了在两个刀具上刀片的对称方向。

（2）刀具更换活动的插入。

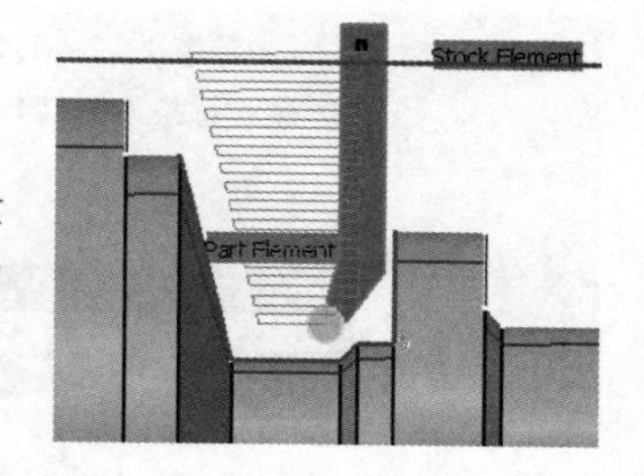

图 3-9　沟槽车削刀具路径

如果刀具不兼容，在“制造计划”下方插入所需刀具的刀具更换活动。新的加工操作在新刀具更换活动下方创建。

如果刀具更换活动已删除或已修改，则

1）同属操作的刀具路径变为未计算。

2）同属操作的刀具参数已删除或已更改。

（3）将数据从粗车削操作复制到同属操作。

创建平衡和跟随车削操作期间，将“策略”“几何图形”“进给和速度”“宏”选项卡的数据从主粗车削操作复制到同属操作。

注意：对于宏，在复制数据之前，应用复制-变换。如果修改同属操作，则更改仅复制到相应的同属加工操作。

（4）同步向导中的全局视图。

同步列中的 可以帮助识别同步全局视图 中的平衡车削和跟随车削操作。将指针置于同步列，以显示平衡车削和跟随车削操作的工具提示。“同步”编辑器禁用，两个“加工操作”的同步位置是开始-开始。

（5）同属操作的删除。

如果删除同属操作，则会出现警告消息以获得确认。删除同属操作会断开所有现有链接、移除同步、更改活动流程树中的刀具路径状态，并删除与同属操作相关联的平衡车削和跟随车削操作。删除同属操作不会删除刀具（同属操作在该刀具下方创建）。

（6）刀具路径计算。

主粗车削操作的刀具路径计算也会计算其同属操作的刀具路径。与每个同属操作相关的刀具路径存储在相应主粗车削操作上。

（7）刀具路径重放。

刀具路径重放发生在单独的平衡车削和跟随车削操作上。刀具路径包含偶数路径或奇数路径（如果延迟）。

（8）APT 输出。

在 PP 字表中定义 NC_Command(NC_BALANCING)

```
*START_NC_COMMAND
NC_BALANCING
%MFG_BALANCING
*END
```

平衡车削 APT 输出如图 3-10 所示。

```
$$ TOOLCHANGEEND
$$  End of generation of : Turning Tool Change.1
$$ OPERATION NAME : Rough Turning.1
$$  Start generation of : Rough Turning.1
SYNC/1,1,2,0
SWITCH/9
SPINDL/ 2000.0000,RPM
RAPID
GOTO  /  500.00000,    0.00000,  533.09674
RAPID
GOTO  /  500.00000,    0.00000,  488.60966
RAPID
GOTO  /   87.97381,    0.00000,  488.60966
SYNC/2001,1,2,0
FEDRAT/    0.3000,MMPR
GOTO  /   87.97381,    0.00000,  468.60966
FEDRAT/    0.4000,MMPR
GOTO  /   87.97381,    0.00000,  197.04991
FEDRAT/    0.8000,MMPR
GOTO  /   88.18594,    0.00000,  197.26204
RAPID
GOTO  /   88.18594,    0.00000,  488.60966
RAPID
GOTO  /   85.14763,    0.00000,  488.60966
SYNC/2002,1,2,0
SYNC/2003,1,2,0
FEDRAT/    0.3000,MMPR
GOTO  /   85.14763,    0.00000,  468.60966
FEDRAT/    0.4000,MMPR
GOTO  /   85.14763,    0.00000,  197.04991
FEDRAT/    0.8000,MMPR
GOTO  /   85.35976,    0.00000,  197.26204
RAPID
GOTO  /   85.35976,    0.00000,  488.60966
RAPID
GOTO  /   82.32144,    0.00000,  488.60966
SYNC/2004,1,2,0
SYNC/2005,1,2,0
FEDRAT/    0.3000,MMPR
GOTO  /   82.32144,    0.00000,  468.60966
FEDRAT/    0.4000,MMPR
GOTO  /   82.32144,    0.00000,  197.04991
FEDRAT/    0.8000,MMPR
GOTO  /   82.53357,    0.00000,  197.26204
RAPID
GOTO  /   82.53357,    0.00000,  488.60966
RAPID
GOTO  /   79.49525,    0.00000,  488.60966
SYNC/2006,1,2,0
SYNC/2007,1,2,0
FEDRAT/    0.3000,MMPR
```

```
$$ TOOLCHANGEEND
$$  End of generation of : Turning Tool Change.4
$$ OPERATION NAME : Rough Turning.4
$$  Start generation of : Rough Turning.4
SYNC/1,2,1,0
SWITCH/9
SPINDL/ 2000.0000,RPM
RAPID
GOTO  /  500.00000,    0.00000,  533.09674
RAPID
GOTO  /  500.00000,    0.00000,  488.60966
RAPID
GOTO  /   87.97381,    0.00000,  488.60966
SYNC/2001,2,1,0
FEDRAT/    0.3000,MMPR
GOTO  /   87.97381,    0.00000,  468.60966
FEDRAT/    0.4000,MMPR
GOTO  /   87.97381,    0.00000,  197.04991
FEDRAT/    0.8000,MMPR
GOTO  /   88.18594,    0.00000,  197.26204
RAPID
GOTO  /   88.18594,    0.00000,  488.60966
RAPID
GOTO  /   85.14763,    0.00000,  488.60966
SYNC/2002,2,1,0
SYNC/2003,2,1,0
FEDRAT/    0.3000,MMPR
GOTO  /   85.14763,    0.00000,  468.60966
FEDRAT/    0.4000,MMPR
GOTO  /   85.14763,    0.00000,  197.04991
FEDRAT/    0.8000,MMPR
GOTO  /   85.35976,    0.00000,  197.26204
RAPID
GOTO  /   85.35976,    0.00000,  488.60966
RAPID
GOTO  /   82.32144,    0.00000,  488.60966
SYNC/2004,2,1,0
SYNC/2005,2,1,0
FEDRAT/    0.3000,MMPR
GOTO  /   82.32144,    0.00000,  468.60966
FEDRAT/    0.4000,MMPR
GOTO  /   82.32144,    0.00000,  197.04991
FEDRAT/    0.8000,MMPR
GOTO  /   82.53357,    0.00000,  197.26204
RAPID
GOTO  /   82.53357,    0.00000,  488.60966
RAPID
GOTO  /   79.49525,    0.00000,  488.60966
SYNC/2006,2,1,0
SYNC/2007,2,1,0
FEDRAT/    0.3000,MMPR
```

图 3-10　平衡车削 APT 输出

在 PP 字表中定义 NC_Command(NC_FOLLOWTURNING)

```
*START_NC_COMMAND
NC_FOLLOWTURNING
%MFG_NC_FOLLOWTURNING
*END
```

跟随车削 APT 输出如图 3-11 所示。

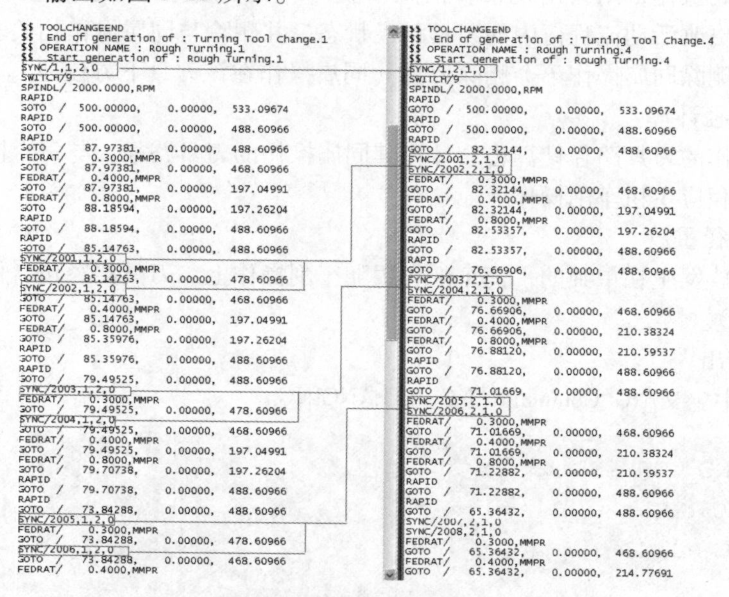

图 3-11 跟随车削 APT 输出

（9）加工操作的复制-粘贴和剪切-粘贴。

对于复制-粘贴，新粘贴的加工操作不会有主粗车削操作的平衡车削和跟随车削操作参数。粘贴的加工操作表现为单独的加工操作。

对于剪切-粘贴，平衡车削和跟随车削操作受到管理。如果将加工操作粘贴在某个位置，并且如果新位置不兼容，则加工操作被删除。通过撤销，可以检索已删除的加工操作，如果位置兼容，则成功粘贴加工操作并且更新同属操作之间的链接。

3.1.6 创建斜坡粗车削操作

可以在“制造计划”中创建斜坡粗车削操作。此类加工操作适用于使用圆形陶瓷刀片加工硬材料，从而减少磨损和切削应力。

（1）激活“制造计划”并单击“斜面粗车” 。将斜坡粗车削实体添加至“制造计划”。出现“斜坡粗车削”对话框，直接显示“几何图形” 选项卡。

“几何图形”选项卡包括敏感区域，可以帮助指定要加工的几何图形。将零件和原坯料涂成红色，表示该几何图形为必选。其他所有几何图形均为可选。

（2）在“几何图形”选项卡中。

1）单击“几何图形”选项卡中的红色零件区域，然后在工作区域中选择所需的零件轮廓。

2）单击“几何图形”选项卡中的红色坯料区域，然后在工作区域中选择所需的原坯料轮廓。选定后，零件和原坯料区域变为绿色，表示该几何图形现在已定义。

3）将零件偏移设置为 5mm。

（3）选择“策略” 选项卡。

1）指定加工策略参数。

① 粗加工策略：纵向。

② 方向：外部。

③ 位置：前方。

2）双击“最大剪切深度”。在“编辑属性”对话框中将该值设置为 2.5mm 并单击“确定”按钮。

3）在“选项”“重做和用户参数”选项卡中设置其他参数。

（4）转至“刀具”选项卡以选择工具。

（5）选择“进给和速度”选项卡以指定“加工操作”的进给速度和主轴速度。

（6）选择“宏”选项卡以指定操作的转换路径。

（7）单击“刀具路径重放”以检查“加工操作”的有效性。

1）系统将计算刀具路径。

2）系统将显示进度指示器。

3）在 100% 完成之前可以随时取消刀具路径计算，如图 3-12 所示。

（8）单击“确定”按钮以创建加工操作。

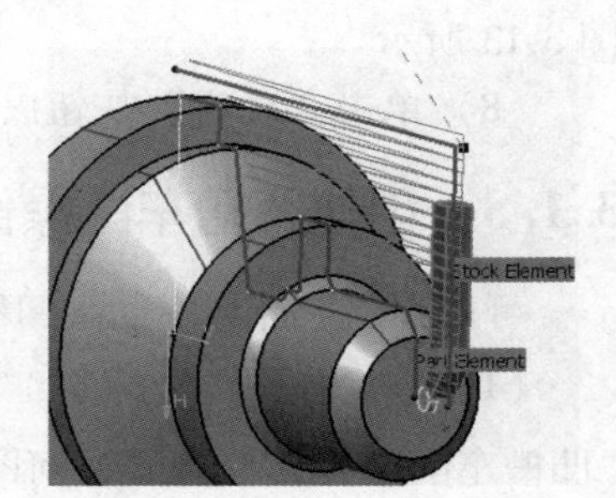

图 3-12　斜坡粗车削刀具路径

3.1.7　创建斜坡沟槽车削

可以在“制造计划”中插入“斜坡沟槽车削”操作。此类操作适用于使用圆形陶瓷刀片加工硬材料，从而减少磨损和减小切削应力。

（1）激活“制造计划”并单击“斜坡沟槽车削”。将“斜坡沟槽车削”实体添加至“制造计划”。出现“斜坡沟槽车削”对话框，直接显示“几何图形”选项卡。

“几何图形”选项卡包括敏感区域，可以帮助指定要加工的几何图形。将零件和原坯料涂成红色，表示该“几何图形”为必选。

（2）在“几何图形”选项卡中。

1）单击“几何图形”选项卡中的红色零件区域，然后在工作区域中选择所需的零件轮廓。

2）单击“几何图形”选项卡中的红色原坯料区域，然后在工作区域中选择所需的原坯料轮廓。零件和原坯料区域变为绿色，表示该几何图形现在已定义。

（3）选择“策略”选项卡。

1）指定加工策略参数。

① 开槽策略：单向。

② 方向：外部。

③ 加工方向：朝机头原坯料。

2）双击“最大剪切深度”。在“编辑属性”对话框中将该值设置为 2.5mm 并单击“确定”。

3）在“选项”“重做”和“用户参数”选项卡中设置其他参数。

（4）转至“刀具”选项卡以选择工具。

（5）选择“进给和速度”选项卡以指定加工操作的进给速度和主轴速度。

（6）选择“宏”选项卡以指定操作的转换路径。

（7）单击“刀具路径重放”以检查加工操作的有效性。

1）系统将计算刀具路径。

2）系统将显示进度指示器。

3）在100%完成之前可以随时取消刀具路径计算，如图3-13所示。

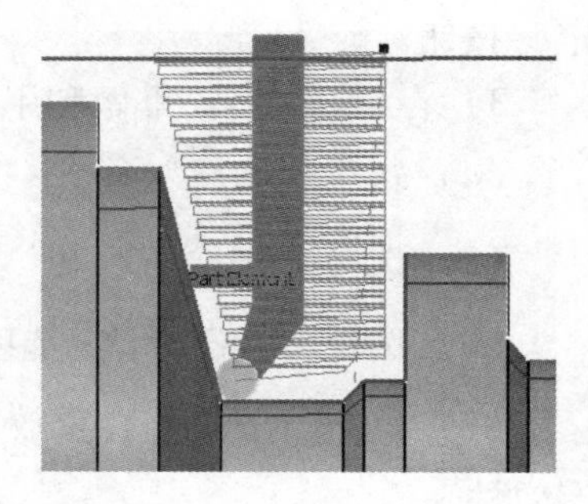

图3-13 斜坡沟槽车削刀具路径

（8）单击“确定”按钮以创建加工操作。

3.1.8 创建凹槽车削操作

可以在制造计划中插入凹槽车削操作。

（1）在操作栏的车床加工部分中，单击“凹槽车削”。该操作将添加至制造计划。“凹槽车削”对话框在“几何图形”选项卡上打开。

“几何图形”选项卡包括敏感区域，可以帮助指定要加工的几何图形。将零件和原坯料涂成红色，表示该几何图形为必选。其他所有几何图形均为可选，如图3-14所示。

（2）在“几何图形”选项卡中。

1）单击“几何图形”选项卡中的红色零件区域，然后在工作区域中选择所需的零件轮廓。选定后，零件区域变为绿色，表示此“几何图形”已定义。

2）单击“几何图形”选项卡中的红色原坯料区域，然后在工作区域中选择所需的原坯料轮廓。选定后，原坯料区域变为绿色，表示该几何图形已定义。

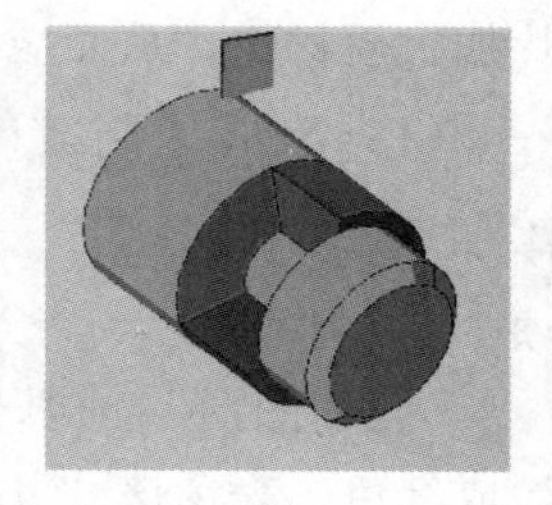

图3-14 敏感区域

（3）选择“策略”选项卡。

1）指定加工策略参数。

① 方向：外部。

② 第一个俯倾位置：中央。

③ 下一个俯倾位置：朝机头原坯料。

2）双击“最大剪切深度”。在“编辑属性”对话框中将该值设置为2.5mm并单击“确定”按钮。

3）在“选项和圆角处理”选项卡中设置其他可选参数。

（4）转至“刀具”选项卡以选择工具。

（5）选择“进给和速度”选项卡，指定加工操作的进给速度和主轴速度。

（6）在“宏”选项卡中，将进刀和退刀动作添加至加工操作。此类加工操作的进刀链接和退刀链接动作可中断。

（7）单击“刀具路径重放” 以检查加工操作的有效性。系统将计算刀具路径。对于切槽车削操作，将会生成遵循凹槽侧面的额外刀路。额外刀路移除侧面（仅与上一加工刀路平行）上的材料，如图 3-15 所示。

（8）单击“确定”以创建加工操作。

图 3-15　额外刀路

3.1.9　创建轮廓精车操作

可以在“制造计划”中插入轮廓精车操作。

（1）激活“制造计划”并单击“轮廓精车” 。将轮廓精车实体添加至“制造计划”。“轮廓精车”对话框出现，直接显示“几何图形” 选项卡。

“几何图形”选项卡包括敏感区域，可以帮助标识要加工的几何图形。将此敏感区域涂成红色，表示此几何图形需要用于定义加工操作。

（2）在“几何图形”选项卡中。

1）单击“几何图形”选项卡中的红色零件区域，然后在工作区域中选择所需的零件轮廓。零件区域变为绿色，表示该几何图形现在已定义。

2）右击要分派局部值的几何图形，并在“上下文”菜单中选择添加局部信息。除了可以分派给选定轮廓的全局偏移，也可以添加局部偏移值。此时将出现对话框，以便分派所需的局部值。其他“上下文”菜单命令也可用于分析和重置局部信息。有关更多信息，参见“局部信息”。

（3）选择“策略” 选项卡。

1）指定加工策略参数。

① 方向：外部。

② 位置：中心。

③ 加工方向：自动设置为朝主轴。

2）在“加工”“圆角处理”“局部反转和用户参数”选项卡中设置其他可选参数。可以使用局部信息功能局部地反转加工方向。

3）选择箭头以定义刀轴策略。

（4）转至“刀具” 选项卡以选择工具。

（5）选择“进给和速度” 选项卡以指定加工操作的进给速度和主轴速度。除可以为加工操作分派的全局进给速度之外，也可以将局部进给速度添加到轮廓部分。右击要分派局部值的几何图形，并选择添加局部信息。此时将出现对话框，以便分派所需的局部值。其他“上下文”菜单命令可用于分析和重置局部信息。

（6）选择“宏” 选项卡以指定加工操作转换路径。

（7）单击“刀具路径重放” 以检查加工操作的有效性。

1）系统将计算刀具路径。

2）系统将显示进度指示器。

3）在 100%完成之前可以随时取消刀具路径计算，如图 3-16 所示。

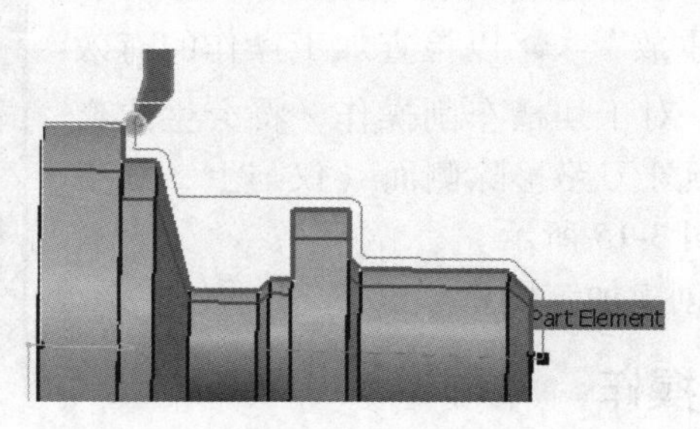

图 3-16　轮廓精车刀具路径

（8）单击“确定”按钮以创建加工操作。

3.1.10　创建凹槽精车操作

可以在制造计划中插入凹槽精车操作。

（1）激活“制造计划”并单击“旋转槽精车”。将“凹槽精车”实体添加至“制造计划”。“凹槽精车”对话框直接显示“几何图形”选项卡。

“几何图形”选项卡包括敏感区域，可以帮助指定要加工的几何图形。将零件和原坯料涂成红色，表示该几何图形为必选。其他所有几何图形均为可选。

（2）在“几何图形”选项卡中。

1）单击“几何图形”选项卡中的红色零件区域，然后在工作区域中选择所需的零件轮廓。选定后，零件区域变为绿色，表示该几何图形现在已定义。

2）右击要分派局部值的几何图形，并选择添加局部信息以添加局部值。此时将出现对话框，以便分派所需的局部值。其他“上下文”菜单命令也可用于分析和重置局部信息。有关更多信息，参见“局部信息”。

（3）选择“策略”选项卡。

1）指定加工策略参数。

① 方向：外部。

② 加工方向：朝机头原坯料。

③ 外角轮廓：圆形。

2）在“加工”“角处理和用户参数”选项卡中设置其他可选参数。

（4）转至“刀具”选项卡以选择工具。

（5）选择“进给和速度”选项卡以指定操作的进给速度和主轴速度。除可以为操作分派的全局进给速度之外，也可以将局部进给速度添加到轮廓部分。

（6）选择“宏”选项卡以指定加工操作转换路径。

（7）单击“刀具路径重放”以检查加工操作的有效性。

1）系统将计算刀具路径。

2）系统将显示进度指示器。

3）在 100%完成之前可以随时取消刀具路径计算，如图 3-17 所示。

（8）单击“确定”按钮以创建加工操作。

3.1.11　创建螺纹车削操作

可以在制造计划中创建螺纹车削操作。

（1）激活“制造计划”并在“车床加工操作”操作栏中单击“螺纹车削”。将螺纹车削实体添加至“制造计划”。出现“螺纹车削”对话框，直接显示“几何图形”选项卡。

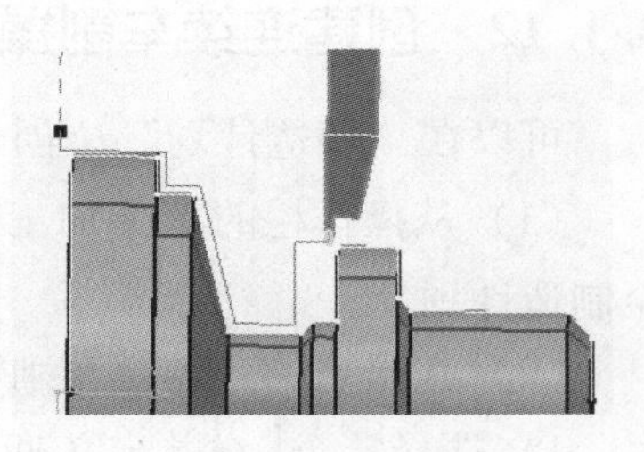

图 3-17　凹槽精车刀具路径

“几何图形”选项卡包括敏感区域，可以帮助指定要加工的几何图形。将零件涂成红色，表示该几何图形为必选。

（2）单击“几何图形”选项卡中的红色零件区域，然后在工作区域中选择所需的零件轮廓。选定后，零件区域变为绿色，表示该几何图形现在已定义。

（3）选择“策略”选项卡以指定组织在“螺纹”“策略”“选项和用户参数”选项卡中的主要加工参数。

1）设置“螺纹”选项卡中的参数值。

① 深度：2.5mm。

② 间距：2.5mm。

③ 轮廓：其他。

④ 方向：外部。

⑤ 位置：前方。

⑥ 螺纹单位：间距。

⑦ 每英寸螺纹数：1（默认值）。

⑧ 外螺纹数：25。

2）在“策略”“选项”和“用户参数”选项卡中设置其他参数。

3）在“选项”选项卡中选择“输出循环语法”复选框，并在“NC 输出生成”对话框中生成循环语句。如果未选择“输出循环语法”复选框，则无法生成 GOTO 语句。通过单击“编辑循环”命令，可以显示并编辑循环语法。

（4）转至“刀具”选项卡以选择工具。

（5）选择“进给和速度”选项卡以指定攻螺纹的加工主轴速度。

（6）选择“宏”选项卡以指定加工操作转换路径（如进刀和退刀动作）。

（7）单击“刀具路径重放”以检查加工操作的有效性。

1）系统将计算刀具路径。

2）系统将显示进度指示器。

3）在 100% 完成之前可以随时取消刀具路径计算，如图 3-18 所示。

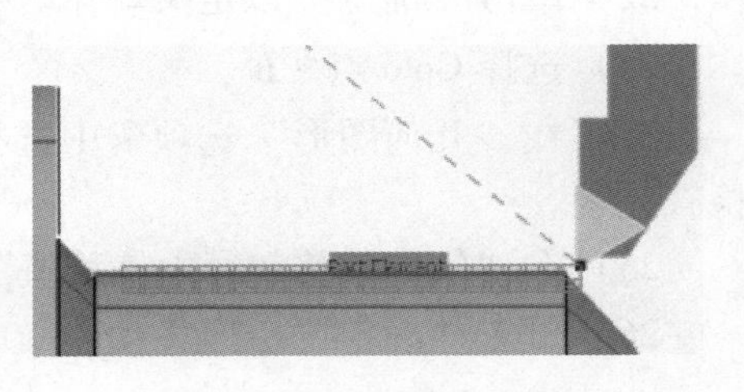

图 3-18　螺纹车削刀具路径

（8）单击“确定”以创建加工操作。

3.1.12 创建连续车削操作

可以在“制造计划”中创建连续车削操作。

（1）从操作栏的车床加工部分中，单击“连续车削”。一个连续车削项目将添加至制造计划。

（2）在出现的“连续车削”操作对话框中，在策略选项卡创建以下动作：

1）选择转至并定义第一项动作参数。第一个动作必须是转至动作。

2）在出现的对话框中，单击一条红色线，然后在工作区域中选择一个检查元素。

3）单击“确定”以定义动作。

4）再次“选择”转至以定义第二项动作参数。

5）在出现的对话框中，单击一条红色线，然后在工作区域中选择一个检查元素。

6）右击第一个检查模式和第二检查模式，然后选择到达。

7）将第一个检查元素检查上的偏移值设置为 2mm。

8）单击“确定”以定义动作。

9）可选：再次选择转至以定义动作参数。

10）在出现的对话框中，单击一条红色线，然后在工作区域中选择一个检查元素。

11）右击第一检查模式和第二检查模式，然后选择“超过”。

12）将第二检查模式的检查上的偏移值设置为 5mm。

13）单击“确定”以定义动作。

14）选择转至 InDirv。

15）在工作区域中选择驱动方向（红色线），然后选择一个线性元素。

16）在“几何图形”选项卡中选择一个检查几何图形，然后在工作区域中选择所需的检查元素。

17）将检查模式设置为“至”，检查的偏移为 5mm。

18）单击“确定”以定义动作。

19）选择“跟随”。将先前动作的检查曲线用作驱动曲线。此驱动元素突出显示在工作区域中。

20）在“几何图形”选项卡中选择一个检查几何图形，然后在工作区域中选择所需的检查元素。

21）将检查模式设置为目标。

22）单击“确定”以定义动作。

23）选择 Goto 点。

24）在“几何图形”选项卡中选择一个检查几何图形，然后在工作区域中选择所需的检查元素。

25）在“轴向偏移和径向偏移值”文本框中指定值。

26）单击“确定”以定义动作。

（3）可以使用查看器中出现的图标定义每个动作的刀轴。

（4）转至“刀具”选项卡以选择工具。

（5）选择“进给和速度”选项卡以指定加工操作的进给速度和主轴速度。

（6）选择“宏”选项卡以指定操作的转换路径。

（7）单击“刀具路径重放”以检查加工操作的有效性。

1）系统将计算刀具路径。

2）系统将显示进度指示器。

3）在 100%完成之前可以随时取消刀具路径计算，如图 3-19 所示。

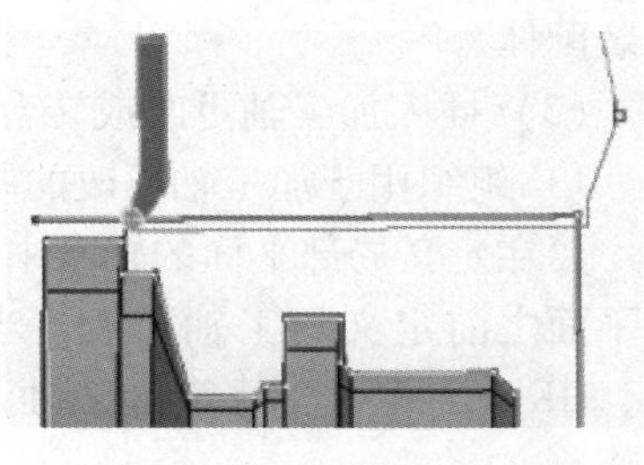

图 3-19　连续车削刀具路径

3.1.13　在铣床创建车削操作

可以在配有旋转台和车端面刀架的 3 轴铣床上创建车削加工操作。它的主要目标是使用车削技术加工大直径孔，这样可以提供好于铣削的质量效果。可以通过在加工操作级指定用于车削的局部平面实现。车端面刀架是安装在铣削中心头部的机械装置，用以支持车床刀具。

（1）在“通用机床”对话框中分配几何图形。

1）单击“参考加工轴系”，并将参考加工轴系分配给通用机床。可以在此轴系中表示 NC 输出数据的坐标。但是，当将局部加工轴系插入“制造计划”中时，可以在局部轴系中表示坐标。应将参考加工轴系定位为其 Y 轴与机床（B）的旋转轴同线。

2）单击“设置装配体”以将要加工的零件关联至通用机床。

3）转至“通用机床”对话框中的“刀具”选项卡并设置换刀点坐标。Z：100mm。

4）在设置操作栏中单击“通用机床”，并在“通用机床”对话框中选择“3 轴转台机床类型”，其中旋转轴：8，方向：顺时针，类型：绝对，参考方向 Z：1。注意：对于车间带车端面刀架的实际机器，可以后处理 XYZIJK 输出以引导车端面刀架的 U 轴。车端面刀架上安装的刀具沿孔的轮廓加工。

5）将旋转轴设置为 B。将参考方向 X、Y、Z 设置为 0、0、1。

6）转至“数控”选项卡并将后处理器字表选为 TURNING _ ON _ MILLING _ CENTER. pptable。样本 PP 字表连同产品与\Startup\Manufacturing\PPTables\TURNING_ON_MILLING_CENTER. pptable 一同交付。

7）选择“起始点策略”：起始于。如果在通用机床中定义了任何运动，则这是重放旋转时的开始位置。

（2）定义局部加工轴系和车削平面。

如果在铣床上指定车削操作，则可以在参考加工轴系的 ZX 车削平面中对它们进行介绍。要在配有车端面刀架和旋转台的铣床上指定车削操作，必须定义局部加工轴系。可以从上述轴系的 Z 轴和 X 轴衍生局部车削平面。要加工的几何图形必须位于车削平面，以创建车削操作。图 3-20 显示了带有 ZX 车削平面和位于该平面的选定的几何图形（零件元素为红色）的局部加工轴系。因此，车削平面每次更改时，必须为车削操作定义局部加工轴。这需要用于处理几何图形和可视化刀具装配体。

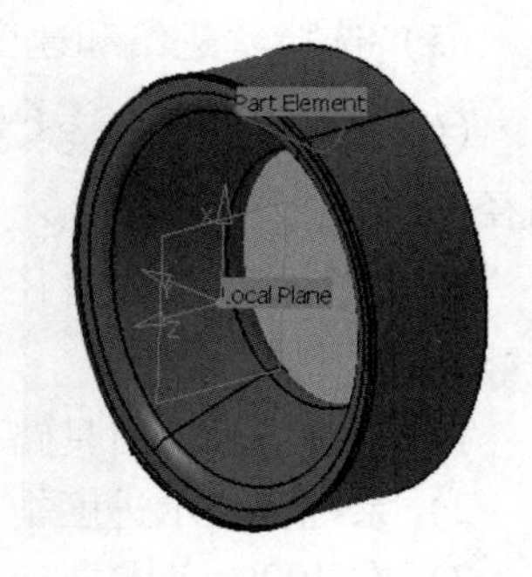

图 3-20　ZX 车削平面

（3）插入加工轴更改或转台旋转“制造计划”。

1）组织用于加工轴更改的制造计划。

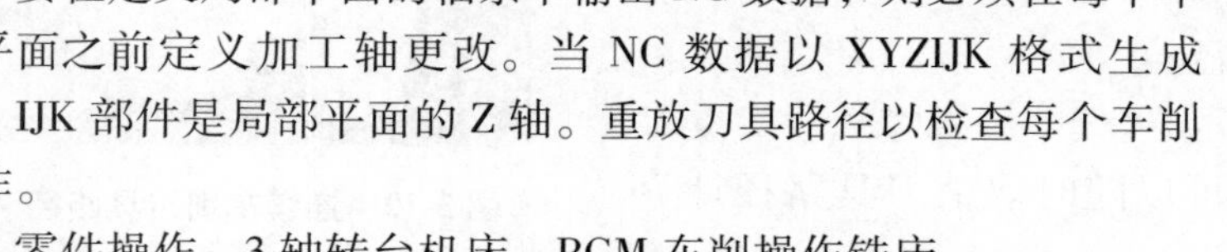

要在定义局部平面的轴系中输出 NC 数据，则必须在每个车削平面之前定义加工轴更改。当 NC 数据以 XYZIJK 格式生成时，IJK 部件是局部平面的 Z 轴。重放刀具路径以检查每个车削操作。

零件操作：3 轴转台机床、PGM 车削操作铣床。

① 车刀更换 .1，加工轴更改 .1，轮廓精车 .1。

② 车刀更换 .2，加工轴更改 .2，轮廓精车 .2。

③ 车刀更换 .3，加工轴更改 .3，轮廓精车 .3。

2）使用转台旋转组织制造计划。

必须在相应的局部轴系中定义车削操作，然后使用“生成机床旋转”命令在“制造计划”中生成机床旋转说明。

零件操作：3 轴转台机床和 PGM 车削操作铣床。

① 车刀更换 .1，轮廓精车 .1，机床旋转 .1。

② 轮廓精车 .2，机床旋转 .2。

③ 轮廓精车 .3。

（4）生成 XYZ 或 XYZIJK 格式的 NC 数据输出。

1）对于 XYZ 数据，在“制造计划”中生成转台旋转。

2）对于 XYZIJK 数据，在局部加工轴系的 Z 轴（主轴）上采用输出用于 IJK 的值。以下 NC 数据语句在每个车削操作开始时生成。

3）局部加工轴的原点坐标。

4）从 X 轴切换至 U 轴的命令。这可以通过参数化 PP 表（NC_SPINDLE_LATHE 或 NC_LATHE_MO_START_COMMENT）中的语法完成。

使用 NC_SPINDLE_LATHE：

```
*START_NC_COMMAND NC_SPINDLE_LATHE
*START_LIST MFG_SPNDL_UNIT
RPM ,SFM
*END
LOCAL_ORIGIN,%MFG_NCAXIS_X_ORIG,%MFG_NCAXIS_Y_ORIG,%MFG_NCAXIS_
Z_ORIG
```

```
$ $ SWITCH_FROM_X_TO_U
SPINDL/%MFG_SPNDL_SPEED,&MFG_SPNDL_UNIT
* END
* END
使用 NC_LATHE_MO_START_COMMENT:
* START_NC_INSTRUCTION NC_LATHE_MO_START_COMMENT
* START_SEQUENCE
LOCAL_ORIGIN,%MFG_NCAXIS_X_ORIG,%MFG_NCAXIS_Y_ORIG,%MFG_NCAXIS_Z_ORIG
$ $ SWITCH_FROM_X_TO_U
* END
* END
```

典型的 APT 输出是:

```
$ $ OPERATION NAME:Profile Finish Turning.1
$ $ Start generation of:Profile Finish Turning.1
SWITCH/9
FEDRAT/0.3000,MMPR
LOCAL_ORIGIN,0.00000,130.00000,0.000000
$ $ SWITCH_FROM_X_TO_U
SPINDL/70.0000,RPM
GOTO/...
```

3.1.14 管理局部信息

1. 在粗车削操作上管理局部信息

可以在粗车削操作上管理局部信息。此功能仅适用于粗车削操作，并且不适用于斜坡粗加工和斜坡沟槽加工等粗加工操作。

（1）在“制造计划”中创建粗车削操作。

（2）在“几何图形”选项卡中。

1）单击“几何图形”选项卡中的红色零件区域，然后在工作区域选择所需的零件轮廓。

2）右击工作区域中的“元素”并从“上下文”菜单中选择“添加局部信息”，以在轮廓的元素上添加局部信息。局部信息可以添加到零件轮廓的线、弧和曲线上。“局部信息”编辑器对话框出现。注意：用于粗车削操作中的零件轮廓的局部信息当前不支持局部进给速度。

3）设置想要的信息，然后单击“局部信息”编辑器对话框中的“确定”。工作区域中关联零件元素上的红色 Loc 标记显示局部信息已添加。

（3）右击工作区域中的“元素”并从“上下文”菜单选择编辑局部信息，以从已添加局部信息的元素中编辑局部信息。在“编辑局部信息”对话框中修改局部信息。

（4）右击“元素”并选择“复制局部信息”，以复制元素的局部信息。

（5）右击“目标元素”并选择“粘贴局部信息”，以将选定的局部信息粘贴到另一个元素上。

（6）右击“元素”并选择“移除局部信息”，以从元素中移除局部信息。也可以在“属性”对话框中执行复制、粘贴和移除功能。

（7）单击“属性”，或右击“几何图形”选项卡中的零件区域轮廓，并从“上下文”菜单中选择“属性”，以访问“属性”对话框。“属性”对话框出现，列出了具备局部信息的所有零件元素。

1）选择在列表中显示零件几何体的所有元素，以在列表中显示零件几何体的所有元素。

2）双击列表的“行”，以编辑局部信息。在“局部信息”编辑器对话框中修改信息。

3）选择带有局部信息的任何元素，并在设置局部信息下方，选择想要复制所需信息的复选框。

4）单击“粘贴”，并选择目标零件元素，以复制元素的局部信息并将其粘贴到零件轮廓的另一个元素上。

5）选择行并单击“移除”以移除列表中的零件几何体的元素。

6）单击“属性”对话框中的“列标题”，以在 3D 视图中查看零件几何体上定义的局部信息。

2. 管理精加工操作上的局部信息

可以管理轮廓精加工或凹槽精加工操作上的局部信息（局部进给速度和偏移）。

（1）在制造计划中创建轮廓精加工操作。

（2）单击“几何图形”选项卡中的红色零件区域，然后在工作区域中选择所需的零件轮廓。

（3）右击工作区域中的“元素”并从“上下文”菜单中选择“添加局部信息”，以在轮廓的元素上添加局部信息。“局部信息编辑器”对话框出现。

1）如有必要，则更改局部进给速度。在默认情况下，全局进给速度是在加工操作定义对话框中的“进给和速度”选项卡中设置的，可以将其应用到带有局部信息的零件上。

2）更改局部偏移信息。

3）选择“加工的反转方式”复选框。元素反转可用于轮廓精加工操作。

4）单击“局部信息编辑器”对话框中的“确定”。工作区域中关联零件元素上的红色 Loc 标记显示局部信息已添加。

（4）右击工作区域中的“元素”并在“上下文”菜单中选择“编辑局部信息”，以从添加局部信息的元素中编辑局部信息。在“编辑局部信息”对话框中修改局部信息。

（5）右击“元素”并选择复制局部信息，以复制元素的局部信息。

（6）右击“目标元素”并选择粘贴局部信息，以将选定的局部信息粘贴到另一个元素上。

（7）右击“元素”并选择移除局部信息，以从元素中移除局部信息。也可以从“属性”对话框执行复制、粘贴和移除功能。

（8）单击“属性”或右击“几何图形”选项卡中的零件区域轮廓，并从“上下文”菜单中选择属性，以访问“属性”对话框。“属性”对话框出现，列出了具备局部信息的所有零件元素。

（9）管理所需的信息：

1）选择在列表中显示零件几何体的所有元素，以在列表中显示零件几何体的所有元素。

2）双击列表的“行”，以编辑局部信息。在“局部信息编辑器”对话框中修改信息。

3）选择带有局部信息的任何元素，并在设置局部信息下方，选择想要复制的所需信息的复选框。

4）单击“粘贴”至并选择目标零件元素，以复制元素的局部信息并将其粘贴到精加工轮廓的另一个元素上。

5）选择“行”并单击移除以移除列表中的零件几何体的元素。

6）单击“属性”对话框中的“列标题”，以在 3D 视图中查看零件几何体上定义的局部信息。

3.1.15　在车削操作上定义宏

（1）在“制造计划”中双击“纵向粗车削”操作。

（2）选择“宏”选项卡。“宏管理”列表中的所有宏的初始状态均为“非活动”。

（3）右击“接近宏线”并单击上下文菜单中的“激活”，以激活宏。

1）选择当前宏工具箱中的“轴向径向模式”。表示进刀宏路径的敏感图标出现。

2）在敏感图标中选择“点符号”，然后在工作区域中选择点。从选定点到操作的开始点计算宏的径向和轴向路径，如图 3-21 所示。

（4）单击“刀具路径重放”以检查轴进刀。宏的状态变为最新。

（5）右击退刀宏行并在“上下文”菜单中单击激活，以激活宏。

1）选择当前宏工具箱中的径向轴向模式。

2）表示接近宏的路径的敏感图标出现。

3）在敏感图标中选择点符号，然后在 3DEXPERIENCE platform 中选择点。

4）从加工操作的结束点到选定点计算宏的轴向和径向路径。

5）单击“刀具路径重放”以检查轴向退刀，如图 3-22 所示。宏的状态变为最新。

图 3-21　退刀宏路径　　　　**图 3-22　刀具路径重放**

（6）选择“刀具路径重放”中的不同颜色模式，以使进给速度更加可视化。刀具路径将按以下默认颜色显示。

1）黄色：进刀或切入进给速度。

2）绿色：加工进给速度。

3）蓝色：缩回进给速度。

4）红色：快速或升离进给速度。

5）白色：用户定义的进给速度。

（7）按上述相同方式定义链接接近和链接缩回宏。

（8）在“当前宏工具箱”的选项卡中定义链接宏的中断添加（如有必要）。

（9）单击“确定”以接受对加工操作所作的修改。加工操作根据指定宏获得更新。如果在NC宏中检测到碰撞，那么它的参数会被局部修改，以避免与零件发生碰撞。如果NC宏被修改，则“消息报告”对话框中会出现一条消息。通过检查旋转视图中刀具插入部分与零件轮廓之间的干涉来检测碰撞。

3.2 使用多轨车床

多轨车床由多个主轴和转塔部件组成，可以在“通用机床”对话框中指定主轴和转塔。在“通用机床”对话框的“转塔和主轴”选项卡中，至少始终必须有一个转塔和一个主轴。

3.2.1 主轴的定义

当在“通用机床”对话框中选择“主轴”选项卡时，会出现以下对话框。

在左侧，有一个带有添加/移除按钮的主轴列表，用于添加或移除这些实体。

在右侧，显示了选定主轴的属性。

（1）名称。每根主轴均有一个名称。当有超过一根主轴在车床上被定义时，则轴名显示在“零件操作”对话框底部。在默认情况下，使用单轴并在APT中输出单轴（取代MFG_SPINDLE_NAME）。

（2）编号。每轴均有一个编号，编号赋值写入APT（取代MFG_SPINDLE_NUMBER）。轴名和编号可以采用NC_MACHINING_AXIS和NC_ACTIVITY_HEADER语法赋值。

（3）零件轴系。零件轴系可以定义刀具路径重放的平面，并且展示基于时间的重放。

（4）主轴。指定主轴。

（5）径向轴。指定径向轴。

（6）最大主轴速度。指定最大主轴速度。

3.2.2 相反主轴输出

副轴输出由“通用机床”对话框选项卡中的使用加工操作中定义的主轴系复选框管理。这将用于多轨车床或车铣复合机床。要获得相对于副轴零件轴系的刀具路径点，则副轴零件轴系上必须有加工轴系。

使用加工操作中定义的主轴系复选框提供了刀具路径的刀具位置的刀具路径点或坐标，用于相对于相反主轴零件轴系的相反主轴上定义的加工操作。避免了加工轴更改定义。

显示主轴和副轴的多轨车床设置的示例如图3-23所示。

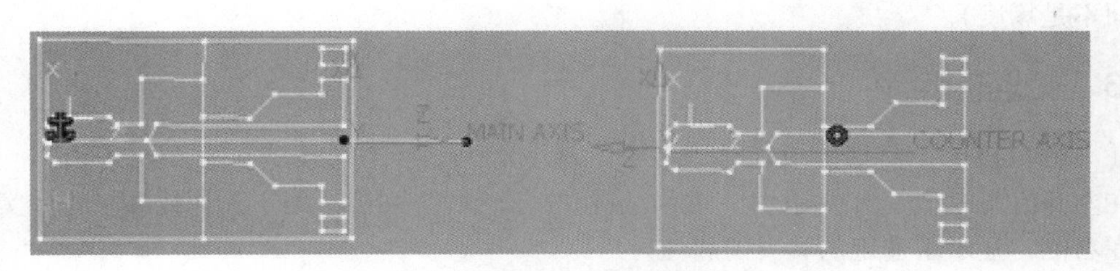

图 3-23　主副轴的多轨车床设置

如果已定义程序（加工操作位于主轴上且第二个加工操作位于相反主轴上），则此处是相反主轴上定义的加工操作的典型重放。刀具路径重放面板中的刀具定点位置基于相反主轴，如图 3-24 所示。

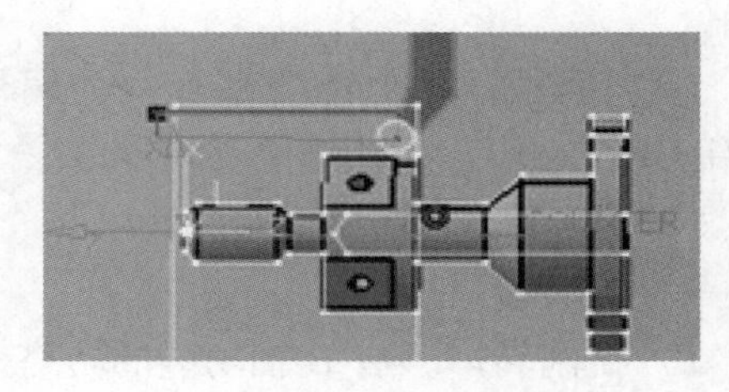

图 3-24　相反主轴的加工操作

程序获得的 APT 输出的示例如图 3-25 所示。

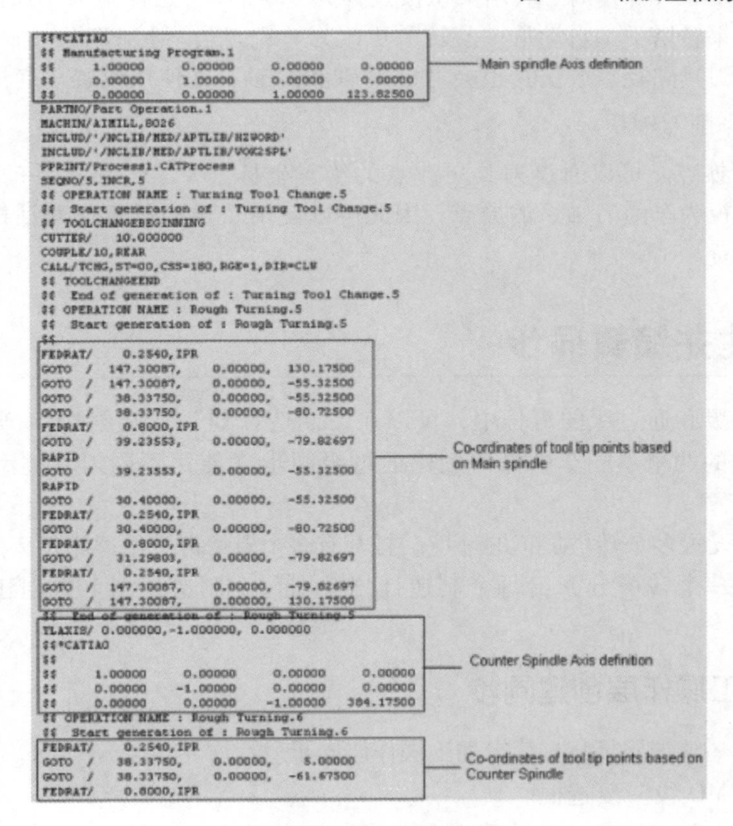

```
$$*CATIA0
$$ Manufacturing Program.1
$$      1.00000     0.00000     0.00000     0.00000
$$      0.00000     1.00000     0.00000     0.00000
$$      0.00000     0.00000     1.00000   123.82500
PARTNO/Part Operation.1
MACHIN/AIMILL,8026
INCLUD/'/NCLIB/MED/APTLIB/HIWORD'
INCLUD/'/NCLIB/MED/APTLIB/VOG2SPL'
PPRINT/Process1.CATProcess
SEQNO/5,INCR,5
$$ OPERATION NAME : Turning Tool Change.5
$$  Start generation of : Turning Tool Change.5
$$ TOOLCHANGEBEGINNING
CUTTER/   10.000000
COUPLE/10,REAR
CALL/TCHG,ST=00,CSS=180,RGE=1,DIR=CLW
$$ TOOLCHANGEEND
$$  End of generation of : Turning Tool Change.5
$$ OPERATION NAME : Rough Turning.5
$$  Start generation of : Rough Turning.5
$$
FEDRAT/    0.2540,IPR
GOTO  /  147.30087,    0.00000,  130.17500
GOTO  /  147.30087,    0.00000,  -55.32500
GOTO  /   38.33750,    0.00000,  -55.32500
GOTO  /   38.33750,    0.00000,  -80.72500
FEDRAT/    0.8000,IPR
GOTO  /   39.23553,    0.00000,  -79.82697
RAPID
GOTO  /   39.23553,    0.00000,  -55.32500
RAPID
GOTO  /   30.40000,    0.00000,  -55.32500
FEDRAT/    0.2540,IPR
GOTO  /   30.40000,    0.00000,  -80.72500
FEDRAT/    0.8000,IPR
GOTO  /   31.29803,    0.00000,  -79.82697
FEDRAT/    0.2540,IPR
GOTO  /  147.30087,    0.00000,  -79.82697
GOTO  /  147.30087,    0.00000,  130.17500
$$  End of generation of : Rough Turning.5
TLAXIS/ 0.000000,-1.000000, 0.000000
$$*CATIA0
$$
$$      1.00000     0.00000     0.00000     0.00000
$$      0.00000    -1.00000     0.00000     0.00000
$$      0.00000     0.00000    -1.00000   384.17500
$$ OPERATION NAME : Rough Turning.6
$$  Start generation of : Rough Turning.6
FEDRAT/    0.2540,IPR
GOTO  /   38.33750,    0.00000,    5.00000
GOTO  /   38.33750,    0.00000,  -61.67500
FEDRAT/    0.8000,IPR
```


图 3-25　APT 输出

部分相反主轴的功能如下：

可以在与主轴线成任何角度的情况下定义相反主轴。

副轴上的刀具路径位于转塔平面，即使副轴零件轴系按某个角度旋转（也就是说，副

轴平面不是零度）。

3.2.3 转塔的定义

在“通用机床”对话框中选择“转塔”选项卡。

在左侧，有一个带有“添加/移除”按钮的“转塔”列表，用于添加或移除这些实体。

在右侧，显示了选定的转塔的属性。

（1）名称。每个转塔都有一个名称，显示在与其关联的“制造计划”旁边的活动流程树中。

（2）编号。每个转塔都有一个编号，编号将输出在 APT 输出中，取代程序标题中的 MFG_CHANNEL_NUMBER 或同步语法。

（3）类型。转塔类型定义为：

1）旋转转塔。

2）铣削转塔，有 B 轴功能的转塔。

在分配机床至零件操作时，转塔类型被设置为“旋转”。这样是为了保持与先前版本的兼容性，因为如果转塔类型自动从“旋转”更改为“铣刀”，则 APT 源可能会包含 B 轴和 C 轴信息。此外，刀具路径重放仿真也会考虑 B 轴和 C 轴，并使用设置角度模拟 B 轴。通过单击以指定车削刀轴系。

（4）刀具更换点。可以通过刀具更改点的绝对坐标（X，Y，Z）手动对其进行定义。由于可能将该点视为车削刀轴系的原点，因此可以使用“通用机床”对话框底部的按钮以自动对其进行设置。

3.3 创建并编辑同步

在加工操作级和通过级的流程中，可以在“制造计划”之间创建/编辑同步。跨越在不同型材上操作的两个不同车削操作创建通过级同步（使用不同刀具类型以及具备不同通过数）。

开始之前，设置多个转塔加工的环境。打开有多个转塔分派给通用机床的数据。创建两个制造计划。将一个转塔分派给每个制造计划并在每个制造计划下方创建至少一个加工操作。

3.3.1 在加工操作层创建同步

可以从停靠/全局视图创建/编辑加工操作层同步。

（1）选择“MO 级”复选框。

（2）对于每个加工操作，从以下列表选择位置（开始、结束、结束接近和开始缩回）。表示是否在选定的加工操作开始或以上加工操作结束时设置同步的位置。当运行模拟时，模拟根据同步的位置运行。仅车床操作支持结束接近和开始缩回位置。

（3）从对话框底部的列表中选择“转塔”。选定的转塔变为主转塔。表 3-1 为加工操作列表。

表 3-1　加工操作列表

时间/s	T1（Turret_Product）	同步	T2（Turret_Product）
0	Turning Tool Change. 4		Turning Tool Change. 8
0. 648			External Roughing2
831. 386			Turning Tool Change. 7
964. 007			Drilling. 3
964. 565	外部粗加工		Turning Tool Change. 5
964. 583		X<—S1—>	
1795. 285	Turning Tool Change. 5		
1795. 843	Drilling. 5		粗车削
1795. 861		X<—S2—>	

右击“Drilling. 5”显示：开始时间为 1795. 843s，持续时间为 132. 1s，结束时间为 1927. 943s，主轴编号为 1，主轴名称为 Spindle_Product 384。

右击“X<—S2—>”显示：同步 2，时间：1. 061E-314，Drilling. 5（开始），主转塔：Turret_Product 38143. 1。

（4）单击“确定”以验证同步。如果两个加工操作之间的同步失败，则会出现错误。

（5）将指针置于同步列上或加工操作上，以将同步信息作为工具提示显示。

（6）在“停靠/全局”视图中，双击同步列中的 X<—…—>，以编辑现有同步。

（7）单击“预览”以在与当前已定义的同步相对应的位置显示转塔。

（8）单击“取消”以在未作任何更改的情况下关闭同步。

3. 3. 2　在刀路层创建同步

可以从“停靠/全局”视图创建/编辑通过级同步。

（1）在选择“同步”对话框中，选择“刀路层”复选框以跨越两个不同车削操作创建同步。

（2）选择两个车削操作，如外部粗加工和粗车削。

（3）选择滞后活动。滞后活动是指车削操作中某一刀具路径的通过时间点相较于其他刀具路径的通过时间点有所延迟。

（4）从列表中选择“终点”选项，以创建同步。

1）无：通过结束时无同步，刀具路径表现如图 3-26 所示。

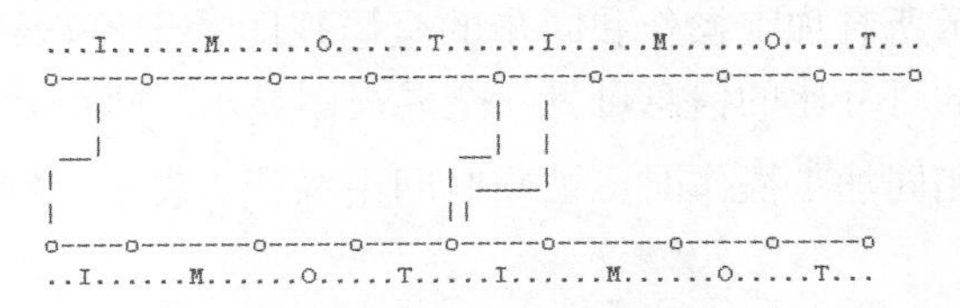

图 3-26　无同步刀具路径表现

引入开始：无

I=引入，O=剥离，M=加工，T=转换

2）剥离结束：这将在刀路结束时创建同步，刀具路径表现如图3-27所示。

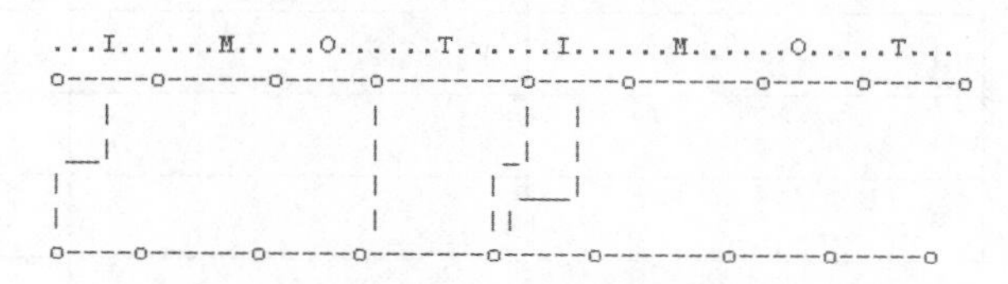

图3-27 同步刀具路径表现

引入开始：剥离结束

I=引入，O=剥离，M=加工，T=转换

（5）指定滞后距离。滞后距离允许滞后操作上的通过在其他操作的通过开始后启动一段小距离通过。

（6）选择“同时缩回”复选框，以同时启动两个车削操作的最后通过的升离动作。

（7）从对话框底部的列表中选择“转塔”。

（8）单击“确定”以验证同步。有关同步的信息，请参见APT语法中的通过级同步的APT输出。如果两个车削操作之间的同步失败，则会出现错误。

1）外部粗加工（从上面的T1层）包括开始时间、持续时间、结束时间、主轴编号：1，主轴名称：Spindle_Product38142.1，主轴旋转：逆时针。

2）同步1（从上面的同步列）-刀路层延迟活动：外部粗加工，延迟距离：1，终点；剥离结束，时间：7.3149e-177，外部粗加工（开始）、粗车削（开始），主转塔：Turret_Product 38143。

3）通过级同步在全局视图中由前面带图标的箭头表示。

（9）将指针置于同步列上或加工操作上，以将同步信息作为工具提示显示。

（10）在“停靠/全局”视图中，双击同步列中的箭头“Sync...ation X<—... —>”，以编辑现有同步。

（11）单击“预览”以在与当前已定义的同步相对应的位置显示转塔。

（12）单击“取消”以在未作任何更改的情况下关闭同步。

3.3.3 在全局视图中预览同步

可以展开同步的全局视图。

1）单击窗口右上方的以展开所有同步的全局视图。

在默认情况下，显示所有加工操作和同步的全局视图处于停靠状态。仅有关当前活动、同步、时间和转塔作业的百分比的信息可见。全局视图显示了每个转塔上的所有操作、所有同步以及时间。当重复相同加工操作时，忙碌时间由绿线表示，空闲时间由沙漏表示。持续时间列隐藏。

2）单击以再次回到停靠视图。

3.3.4　切换到预定义的车削视图

这样可以在车削视图看到要加工的几何图形。
从查看截面：主要区域选择车削视图以查看要加工的零件操作。

3.3.5　启动模拟

可以使用模拟播放器，以与模拟交互。
单击模拟播放器中的按钮，以与模拟交互，启动/停止模拟并编辑当前时间。

3.3.6　更新时间

为了避免非常耗时的更新，在创建或编辑及可视化所有同步后，时间将只根据需要进行更新。

当完成创建或编辑同步后，单击“更新”。当时间为最新时间时，更新为灰色；当需要更新时间时，按钮为红色。时间将更新，并且仿真播放器现在可用。

3.3.7　导航操作/同步

可以转至下一步/上一步加工操作/同步。
（1）在 3DEXPERIENCE platform 右下方的导航框中选择导航的类型。
（2）使用箭头从一个实体转至其他实体。

3.3.8　上下文菜单

可以使用上下文菜单编辑、删除同步并显示/隐藏列。
（1）单击“同步的上下文”菜单中的“编辑”，以编辑现有同步。
（2）单击“同步的上下文”菜单中的“删除”，以删除现有同步。
（3）右击列标题以显示“上下文”菜单。

3.3.9　同步期间检查报告

可以查看模拟期间启动的“消息报告”对话框中的警告或错误消息。
（1）单击“模拟选项”（屏幕右侧中间）以定义仿真标准。
（2）单击“消息报告”（紧靠模拟选项下方）以读取任何警告或错误消息。

在命令开始时，以及在每次单击“更新”按钮刷新基于时间的信息时，对话框更新。出现以下情况时，显示消息：

1）加工操作的刀具路径未计算刀具路径。

2）两个加工操作在相同主轴上同时工作。它们的旋转状态不兼容。同步操作。

3）两个加工操作在相同主轴上同时工作，主轴的旋转方向不同。可以同步加工操作，或修改它们的属性，或修改它们的加工方式。

4）两个转塔同时在一根主轴上工作，并且尚未定义主转塔。使它们同步并/或定义主转塔。

5）多个转塔在给定时间内同时在一根主轴上工作，并且尚未定义主转塔。使它们同步并/或定义主转塔。

6）从转塔在主转塔之前启动。使它们同步并/或定义主转塔。

3.4 加工加强肋

一般而言，水平加强肋在倾斜加强肋之前完成，其中一个加工操作专用于水平平面。建议铣削底部无材料的倾斜加强肋。加强肋加工操作可一次铣削倾斜和水平加强肋。

（1）从操作栏的曲面加工部分中，单击“加强肋”。一个加强肋实体将添加至制造计划。加强肋对话框在“几何图形”选项卡中打开。

（2）在“几何图形”选项卡中：

1）单击代表待加工零件的红色区域。对话框将会消失。

2）选择零件。

3）在工作区域中双击任意位置，以便验证选择并返回对话框。红色区域将变为绿色。

（3）单击底部并选择它。在搜索加强肋之前，必须选择零件底部，尤其是在对称零件中：从而将忽略底部平面下的面。

（4）转至“策略”选项卡并定义刀轴。在零件中搜索加强肋时，对于刀轴，需要在开始选择加强肋定义两者。

（5）回到“几何图形”选项卡中，单击代表驱动器的红色区域。在出现的面向导中，单击“加强肋选择”。自动检测加强肋会选择大多数加强肋。需要手动选其余部分。“加强肋选择”对话框将出现，右边为敏感图标，左边为选择条件。

（6）定义加强肋的宽度和可能的+/-公差。

（7）通过选择对应的复选框来定义搜索域。

1）水平平面。不需要其他输入内容。

2）倾斜平面。必须输入斜度值和可能的+/-公差。

3）链接至平面的圆角。必须输入半径和可能的+/-公差。

（8）要检索现有斜度、宽度或半径值：

1）在“加强肋选择”对话框中，选择相应的展示。对话框消失。

2）选取零件上相应的区域。“加强肋选择”对话框将重新出现。值已使用现有值更新。

（9）单击“添加”。与条件对应的面将添加到选择中。

（10）根据需要使用其他值重复本方案以完成选择。

（11）完成选择后单击“关闭”。

（12）回到“加工操作”对话框中，选择“半径”选项卡，然后选择“激活径向步长”复选框以沿倾斜加强肋创建径向刀路。这些刀路仅在单个刀路不足以移除所有材料的情况下创建。

（13）转至“刀具”选项卡选择刀具。在大多数情况下，使用半径可从下到上工作的铣削刀具，使用大型铣削刀具确保良好的平面质量，如图3-28所示。

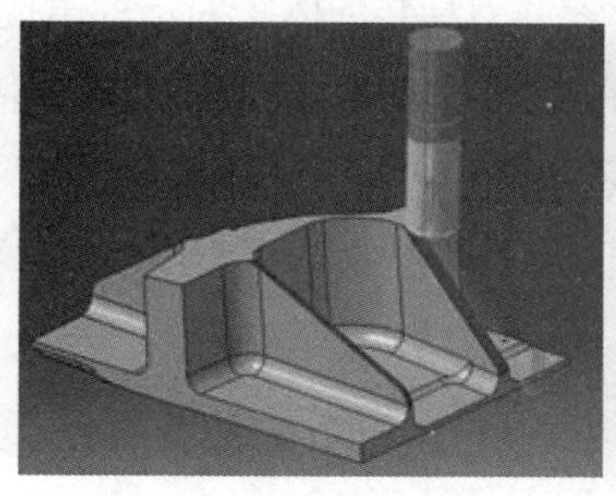
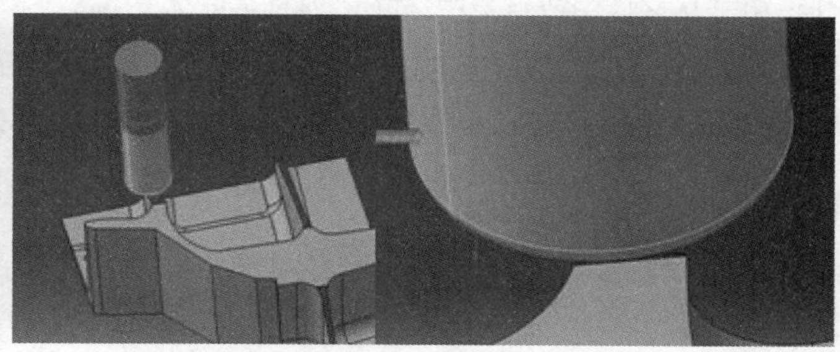

图 3-28　铣削刀具操作

（14）单击“刀具路径重放” 以检查加工操作的有效性。

1）系统将计算刀具路径。

2）系统将显示进度指示器。

3）在 100%完成之前可以随时取消刀具路径计算。

3.5　管理加工资源

3.5.1　编辑车削操作的刀具装配体

可以创建并编辑车削的刀具装配体加工操作。

可以通过以下方式修改刀具装配体：编辑其特性。通过选择加工单元中存在的另一个刀具装配体以将其替换。通过从文件选择另一个刀具装配体以将其替换。通过从数据库选择另一个刀具装配体以将其替换。

（1）在活动流程树中双击“车削”操作。

“加工操作”对话框出现。在“刀具” 选项卡中选择“刀具装配体” 。

（2）选择加工单元中存在的另一个刀具装配体。

1）选择与装配体相对的［...］按钮。搜索刀具装配体对话框出现。表 3-2 为刀具选项卡表。

表 3-2　刀具选项卡表

装配	刀具	插入
新建刀具装配体	TO External Insert-Holder_Product36184	Round Insert r 5_Product
New Tool Assembly2	TO Internal Insert-Holder_Product36184	Round Insert r 5_Product
Tool Assembly4	TO Frontal Groove Insert-Holder_Product	Groove Insert. 4_Product
Tool Assembly4	TO Internal Groove Insert-Holder_Product	Groove Insert. 5_Product

2）从“刀具装配体”列表中选择所需的刀具装配体。

（3）从文件中选择另一个刀具装配体：

1）单击从文件中或目录中选择“刀具装配体” 。搜索“刀具装配体”对话框出现。

2）在查找范围列表中指定想要搜索刀具的位置：在当前文档中或在 .csv 刀具目录中。

3）单击与正在查找的刀具类型相对应的图标。所有此类刀具均显示在对话框中。

4）选择“简单”选项卡，并在刀具装配体名称上指定字符串，以进行快速搜索。符合简单搜索标准的刀具装配体列出。

5）从列表中选择所需的刀具装配体并单击“确定”。

6）或选择“高级”选项卡，以根据属性、条件和值等搜索标准搜索刀具装配体。以下示例显示了刀具装配体的搜索结果，刀具装配体的刀具的标称直径等于 10mm。

（4）要从数据库中选择另一个刀具装配体：

1）单击从数据库中选择“刀具装配体” 。

2）在顶层工具栏的搜索栏中输入“搜索条件”。高级搜索允许访问更广泛的搜索条件。

3）在搜索结果中，选择所需的刀具装配体并单击“确定”。

（5）可选：更改刀具编号。

（6）可选：为设置角输入新值。

（7）根据需要修改刀具装配体几何图形和技术参数。

（8）使用“加工操作”中已修改的刀具装配体，单击“确定”以确认。

3.5.2 在制造单元中编辑刀片和刀片座

1. 在制造单元中编辑刀片座

（1）右击“制造单元”中的“车床刀具”，然后选择“NC 资源”>“编辑 NC 资源”。

（2）转至“刀片座” 选项卡。

1）如有必要，指定新名称。

2）如有必要，指定注释。

3）双击表示刀片座的几何图形的图标中的任何值，以在出现的“编辑参数”对话框中对其进行编辑，并键入柄高。

4）单击“更多”。“几何图形和技术”选项卡显示。

5）修改“几何图形和技术”选项卡中的值。

（3）单击“确定”以接受修改，并退出对话框。

2. 在制造单元中编辑刀片

（1）右击制造单元中的“车床刀具”，然后选择“NC 资源”>“编辑 NC 资源”。

（2）转至“刀片座” 选项卡。

1）如有必要，指定新名称。

2）如有必要，指定注释。

3）如有必要，指定描述代码。

4）双击表示刀片座的几何图形的图标中的任何值，以在出现的“编辑参数”对话框中对其进行编辑。

5）单击“更多”。“几何图形、技术和供给、速度”选项卡显示。

6）修改“几何图形、技术和供给、速度”选项卡中的值。

（3）单击“确定”以接受修改，并退出对话框。

3.5.3　管理刀具参数和行为

通过刀轴翻转和刀具反转角度，可以看到刀具路径行为中的变化。

（1）选择活动流程树中“制造计划”下的“轮廓精车 1”。“轮廓精车”对话框出现，“策略”选项卡打开。图 3-29 所示为制造计划对话框。

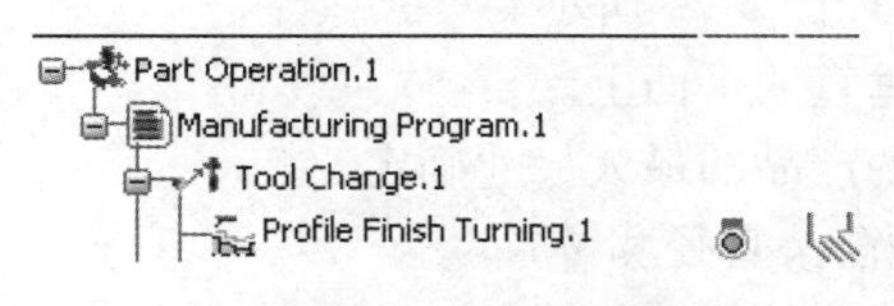

图 3-29　制造计划对话框

（2）选择“刀具”选项卡并将设置角指定为 30°。

（3）选择“策略”选项卡并单击“刀轴符号”。

1）在“刀轴”对话框中将角度指定为 30°。

2）单击“确定”。

（4）单击“刀具路径重放”并启动刀具动画。

1）系统将计算刀具路径。

2）系统将显示进度指示器。

3）在 100%完成之前可以随时取消刀具路径计算。

（5）选择刀轴翻转，在“策略”选项卡下再次启动“刀具路径重放”，如图 3-30 所示，发生刀具形状更改。

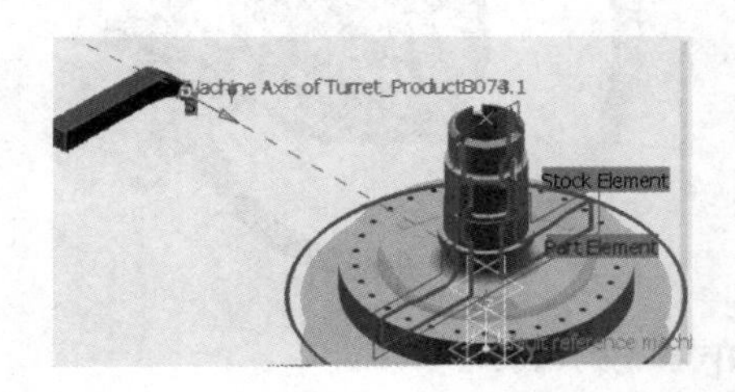

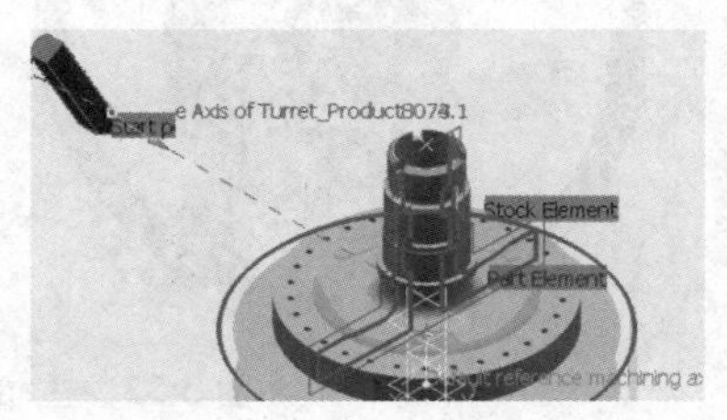

图 3-30　刀具路径重放

3.5.4　重放和模拟期间预览主轴的旋转方式

可通过在“活动流程树”中的“加工操作”节点中的“活动流程树”中激活名为“主轴方向的列获取”与“加工操作”关联的主轴信息。信息包括主轴编号、主轴名称及其旋转方向，也可以启用或禁用每个主轴的旋转方式的显示。可以通过单击以控制表示每个主轴的旋转的箭头显示。在默认情况下此列不可见，因此在“活动流程树”中显示此列。

（1）选择“Me”>“首选项”>“资源”，并从列表中选择主轴旋转箭头和主轴旋转箭头头部的显示颜色。通过悬停鼠标不会提供主轴的旋转方式，但可通过“上下文”菜单激活主轴方向显示提供。

（2）在“活动流程树”中插入粗车削操作，并计算刀具路径。

（3）在“活动流程树”中将指针置于粗车削操作上。有关主轴编号、主轴名及其旋转方向的信息作为工具提示显示。

（4）启动同步。

（5）右击 PPR 上下文中的主轴，并选择“NC 资源”>“激活主轴方向”显示。在默认情况下，主轴方向在 3DEXPERIENCE platform 中显示为 3D 箭头，如图 3-31 所示。

1）箭头位于与主轴线垂直的平面上。

2）箭头直径由要加工的产品的最大尺寸确定。

图 3-31　主轴方向在软件中的 3D 箭头显示

（6）使用鼠标操作主轴箭头直径和位置。

1）使用鼠标左键更改箭头的径向位置。

2）使用鼠标左键和中键更改箭头的轴向位置。

3）双击 3DEXPERIENCE platform，以存储主轴的箭头直径和位置。存储的直径和位置可以用于模拟。

（7）选择带有固定刀具的粗车削操作和钻孔操作，然后单击“刀具路径重放”。显示带有固定刀具的车床操作和主轴向操作的轴旋转。图 3-32 所示为刀具路径重放期间主轴的旋转方式。如果一根主轴同时包含在不同旋转方式的多个活动中时，则主轴箭头如图 3-32 所示，显示为红色，带两个箭头头部，指示顺时针和逆时针两个方向（基于时间的重放）。

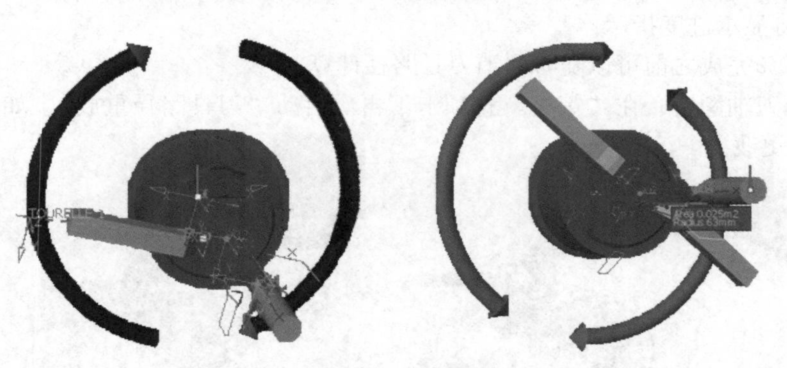

图 3-32　主轴向操作的轴旋转

3.6　使用多转塔车床加工

3.6.1　设置多转塔加工的环境

可以设置多转塔加工的环境，必须在制造单元层级指定多轨车床，以定义用于多任务和多轴环境中的车铣操作的转塔和主轴。

（1）双击“活动流程树”中的“通用机床”。零件操作：多转塔车床。

1）PGMUT，车刀更换 .1（转动... 插入），粗略车削 .1。

2）PGMLT，车刀更换 .1（TODrill D 10_Product27..），钻孔 .2。

（2）在“通用机床”对话框中设置以下参数：

参考加工轴系。

设计零件和原坯料，以便以后进行材料移除仿真。

（3）单击“通用机床”，“通用机床”对话框将出现。

（4）单击“车铣复合机床”以初始化机床参数。

（5）选择“轴”选项卡。在默认情况下，将通用机床上定义的参考加工轴系分配给主轴。“刀具路径重放”对话框中显示的刀具路径点和 APT 输出与主轴平面中的通用机床轴系相对。也可以显示相对于转塔轴系的“刀具路径重放”对话框中显示的刀具路径点以及 APT 输出。当在主轴列表中选择轴时，相应的主轴和关联的主轴系会在 3D 视图中突出显示。

（6）选择“转塔”选项卡。

1）将转塔名称设置为“上方转塔”。当选中局部定义时，将在“制造单元”的上下文创建车刀轴系。否则，将使用在机器中定义的轴系。当在转塔的转塔列表中选择转塔时，相应的转塔和关联的转塔轴系将在 3DEXPERIENCE platform 中突出显示。确保称之为 PGM UT 的制造计划已在转塔上定义。

2）单击“添加转塔”。

3）将下方转塔指定为新转塔的名称。轴编号自动增加。

4）单击“车刀轴系”并在 3DEXPERIENCE platform 中选择相应的轴系，以将其分派给下方转塔。

5）设置车削刀轴系、轴向和径向轴以及刀具更换点参数。确保称之为 PGM LT 的制造计划已在转塔上定义。

（7）在“数控”选项卡中，确保后处理器字表参考了 PPTableSampleMChannel.pptable。

（8）单击“确定”以确认对“通用机床”对话框所作的修改，并返回“通用机床”对话框。

（9）再次单击“确定”以确认对通用机床所作的修改。

3.6.2　将制造计划分配给转塔

可以将制造计划分派给机器上的每个转塔。由制造计划进行转塔管理可以：与转塔的数量一致的制造计划。制造计划层的转塔分派。加工操作继承它的制造计划的转塔：无须明确选择。

（1）双击活动流程树中的“制造计划 PGMUT”。

（2）使用转塔名称组合框选择上方转塔。当编辑制造计划时，其关联的转塔和相应的转塔轴系在 3D 视图中突出显示。这也适用于铣削转塔。

（3）单击“确定”以将制造计划确定给转塔。

（4）右击活动流程树中的“PGMUT”并选择计算刀具路径。已计算粗车削操作的刀具路径并且已利用该信息更新活动流程树。

（5）双击“活动流程树”中的“活动流程树 PGMLT”。

（6）使用转塔名称组合框选择下方转塔。

（7）右击“活动流程树中的 PGMLT”并选择“计算刀具路径”。已计算钻孔操作的刀具路径并且已利用该信息更新活动流程树。

零件操作：多转塔车床。

1）PGMUT，车刀更换 . 1（转动 . . . 插入），粗车 . 1 。

2）PGMLT，车刀更换 . 1（TODrill D 10_Product27. . ），钻孔 . 2 。

3. 6. 3 生成多轴车床加工的 NC 输出

可以生成通用机床的 NC 数据。NC 数据可以生成为每个文件的一个制造计划或单个文件中的多个制造计划。每个转塔（通道）通过程序标题和特定语法分隔。为便于后处理，特定语法可以交叉编程以标识同步和主轴。

（1）右击活动流程树中的“加工操作”并选择交互地生成 NC 代码 。

（2）在出现的对话框中，设置参数并单击“执行”以生成 NC 数据。

以下示例显示了输出文件上的数据类型。

```
 $ $---------------------------------------------------
 $ $ Generated on Wednesday,July 30,2008 5:09:49 PM
 $ $ CATIA APT VERSION 1.0
 $ $ ---------------------------------------------------
CHANNEL,2
 $ $ PGM LT
 $ $ Part Operation: Multi-turret lathe machine
 $ $ * CATIA0
 $ $ PGM LT
 $ $ 0.00000 0.00000 1.00000 0.00000
 $ $ 1.00000 0.00000 0.00000 0.00000
 $ $ 0.00000 1.00000 0.00000 0.00000
PARTNO PART TO BE MACHINED
COOLNT/ON
CUTCOM/OFF
 $ $ OPERATION NAME: Turning Tool Change.2
 $ $ Start generation of: Turning Tool Change.2
FROM/0.00000,100.00000,0.00000
 $ $ TOOLCHANGEBEGINNING
CUTTER/28.000000
TOOLNO/1,TURN
LOADTL/1
 $ $ TOOLCHANGEEND
```

```
$ $ End of generation of: Turning Tool Change.2
$ $ OPERATION NAME: Drilling.1
$ $ Start generation of: Drilling.1
LOADTL/3,1
TLAXIS/0.000000,0.000000,1.000000
SPINDL/70.0000,RPM,CLW
RAPID
GOTO/0.00000,0.00000,10.00000
RAPID
GOTO/0.00000,0.00000,1.00000
CYCLE/DRILL,60.206665,1.000000,0.400000,MMPR
GOTO/0.00000,0.00000,0.00000
CYCLE/OFF
RAPID
GOTO/0.00000,0.00000,10.00000
SYNC/1,2,1,
$ $ End of generation of : Drilling.1
SPINDL/OFF
REWIND/0
END
$ $ ----------------------------------------------------
$ $ Generated on Wednesday,July 30,2008 5:09:51 PM
$ $ CATIA APT VERSION 1.0
$ $ ----------------------------------------------------
CHANNEL,1
$ $ PGM UT
$ $ Part Operation: Multi-turret lathe machine
$ $ *CATIA0
$ $ PGM UT
$ $ 0.00000 0.00000 1.00000 0.00000
$ $ 1.00000 0.00000 0.00000 0.00000
$ $ 0.00000 1.00000 0.00000 0.00000
PARTNO PART TO BE MACHINED
COOLNT/ON
CUTCOM/OFF
$ $ OPERATION NAME:Turning Tool Change.1
$ $ Start generation of:Turning Tool Change.1
FROM/0.00000,100.00000,0.00000
```

```
$ $ TOOLCHANGEBEGINNING
CUTTER/1.000000
TOOLNO/1,TURN
LOADTL/1
$ $ TOOLCHANGEEND
$ $ End of generation of : Turning Tool Change.1
$ $ OPERATION NAME : External Roughing
$ $ Start generation of : External Roughing
SYNC/1,1,2,
SWITCH/9
FEDRAT/1.0000,MMPR
SPINDL/70.0000,RPM
GOTO/28.00000,0.00000,2.50000
GOTO/28.00000,0.00000,0.50000
FEDRAT/0.8000,MMPR
GOTO/28.00000,0.00000,-49.50000
FEDRAT/1.0000,MMPR
GOTO/28.21213,0.00000,-49.28787
RAPID
GOTO/28.21213,0.00000,2.50000
RAPID
GOTO/25.50000,0.00000,2.50000
FEDRAT/1.0000,MMPR
GOTO/25.50000,0.00000,0.50000
FEDRAT/0.8000,MMPR
GOTO/25.50000,0.00000,-49.50000
FEDRAT/1.0000,MMPR
GOTO/25.71213,0.00000,-49.28787
RAPID
GOTO/25.71213,0.00000,2.50000
RAPID
GOTO/23.00000,0.00000,2.50000
FEDRAT/1.0000,MMPR
GOTO/23.00000,0.00000,0.50000
FEDRAT/0.8000,MMPR
GOTO/23.00000,0.00000,-49.50000
FEDRAT/1.0000,MMPR
GOTO/23.21213,0.00000,-49.28787
```

```
RAPID
GOTO/23.21213,0.00000,2.50000
RAPID
GOTO/20.50000,0.00000,2.50000
FEDRAT/1.0000,MMPR
GOTO/20.50000,0.00000,0.50000
FEDRAT/0.8000,MMPR
GOTO/20.50000,0.00000,-49.50000
FEDRAT/1.0000,MMPR
GOTO/20.71213,0.00000,-49.28787
$ $ End of generation of : External Roughing
SPINDL/OFF
REWIND/0
END
```

通道1（上方转塔）上的制造计划PGMUT与通道2（下方转塔）上的制造计划PGMLT通过SYNC/1，1，2语句同步。在此示例中，粗车削操作的开始与钻孔的结束同步。

```
    *START_NC_INSTRUCTION    NC_PROGRAM_HEADER
    *START_SEQUENCE
   CHANNEL,%MFG_CHANNEL_NUMBER
    *END
    *END
   MFG_CHANNEL_NUMBER:通道(转塔)编号与制造计划关联。
    *START_NC_COMMAND      NC_SYNCHRONISATION
   SYNC/%MFG_SYNCHRONISATION_NUMBER,%MFG_CHANNEL1,%MFG_CHANNEL2
    *END
MFG_SYNCHRONISATION_NUMBER:同步的索引。
MFG_CHANNEL1:第一个已同步的通道。
MFG_CHANNEL2:第一个已同步的通道。
```

3.7 使用多轴车床加工

3.7.1 车铣复合机床模拟

可以对多转塔和多主轴机床进行模拟，并验证/修改行程限制、碰撞的NC刀具路径。车铣复合机床可能在工件主轴（X、Y、Z）上具有线性轴件主轴，但在转塔上没有。同时还支持此类型的机床仿真。带多个转塔的机床可以包含彼此平行的操作，这些操作可在对零件操作进行模拟时同时模拟。

对于带多个转塔和单个主轴的机床：由于主轴上装入的作业由多个转塔进行加工，因此两个或两个以上的操作平行。

对于带多个转塔和多个主轴的机床：由于主轴上装入的作业由不同转塔同时加工，因此多个操作平行。

开始之前，打开分派给制造计划带有两个或两个以上转塔的车铣复合机床。

转塔：车铣复合机床支持以下类型的转塔。

（1）带多个安装点的旋转转塔，加工期间已附加所有工具。必须利用X、Z和C轴（索引旋转轴）为上述转塔建模。上述转塔不能拥有任何附加轴。

（2）带一个工具安装点的B轴/4轴铣刀头，仿真期间可能发生刀具更换。利用多个DOF（自由度）和通常的X、Y、Z和B为上述铣刀头建模。此转塔必须是单一运动链。

（3）带一个刀具安装点的C轴刀头。

轴：只需利用一个旋转DOF和一个线性DOF为轴建模。模拟期间可以将该DOF用于索引工作。

该模拟当前并不支持利用某些索引转塔进行索引，其中这些索引转塔的旋转点的旋转轴既不与主轴旋转轴平行也不与之垂直，而是呈一定角度。仅当机头更换操作是在相应制造计划中创建时，会对带可更换刀头的车铣复合机床进行模拟。当带可编程接头的可更换机头安装在车铣复合机床上时，确保创建机床指令，以便按照正确的值定位和锁定接头。

（4）在“活动流程树”中双击“制造计划”。

（5）在出现的“制造计划”对话框中，从“转塔名称”列表中选择一个转塔。只有将带有两个或两个以上转塔的车铣复合机床分派给零件操作时，此列表才会出现。有关更多信息，参见车铣加工用户指南。

1）对于带多个安装点的旋转转塔，指定刀具的安装位置。

2）在仿真开始时，可以安装刀具，并且对每个刀具更换操作，转塔索引可以确保选定右侧刀具。索引之后，可以将反向运动应用到两根平移轴。

3）对于每个刀具，应使用“车削刀具更换”对话框设置正确的标距长度。这将有助于在转塔上正确安装刀具。

（6）在工作区域左侧选择“资源配置视图”并执行以下操作之一：

1）要分配刀具装配体，右击一个刀具安装点并选择分派。

2）要取消分派刀具装配体，右击分派到刀具安装点的刀具装配体，并选择取消分派。

刀具根据定义的刀具安装点安装在转塔或适配器上。确保已定义刀具安装点，以便在刀具路径重放期间，最终刀具方向与刀具方向相匹配。

（7）针对每个制造计划定义一个或多个刀具更改。刀具更换发生在每个转塔上定义的刀具更换点。刀具可以与各类转塔上的站台相关联。这也可以在刀具更换级别完成。

（8）打开“车削刀具更换”对话框。

安装站台显示选定转塔的所有可用自由刀具安装端口，如Empty、T5、T8、T6、T4、T1。将转塔分派给制造计划后，它将反映在“活动流程树”中。因此，每个制造计划均有一个转塔与之相关联，见表 3-3。

表 3-3 “制造计划”对话框

活动	类型	资源名称
制造计划 1	制造计划	转塔 2

（9）过程准备就绪后，使用“工件自动安装”在多个主轴上安装作业。

（10）启动机床仿真。

3.7.2　在 3D 区域中使用操作器

可以使用动态操作器来定义尺寸界线、开始和结束限制、限制模式、位置和方向。仅可用于粗车削、凹槽车削、斜坡粗车削、斜面凹槽车削和凹槽车削加工操作。

必须在制造程序中具有一个加工操作。

1. 在 3D 区域中显示操作器

可以使用不同的命令以在 3D 区域中显示操作器。

（1）在“活动流程树”中选择“车削加工操作”。

（2）在出现的“车削加工操作”对话框中，选择“几何图形”选项卡。

（3）可选：选择“计算输入坯料”以显示输入坯料。

（4）右击几何图形的一部分，以显示“面选择上下文”工具栏。

（5）使用“面选择上下文”工具栏以选择面。

零件轮廓以淡蓝色突出，原坯料以黄色突出显示，四个动态操作器（两个用于坯料轮廓，两个用于零件轮廓）都将显示在 3D 区域中。在默认情况下，坯料起始限制操作器的位置表示加工开始，零件结束限制操作器的位置表示加工结束。选定零件、坯料和操作器之间形成的区域称为操作器区域。这是使用相应的战略参数定义操作的粗加工区域。可以使用“Me” >“首选项中的零件/坯料显示”选项更改颜色。在默认情况下，零件几何图形被视为硬几何图形，坯料几何图形被视为软几何图形。操作器的默认位置随加工操作的类型而异。要在加工操作过程中查看将要移除的确切区域，可以使用“显示加工区域”选项，该选项将以绿色显示加工区域。加工区域会考虑刀具参数、偏移参数、限制参数与模式以及刀具安全角度。图 3-33 所示为加工区域显示。

图 3-33　加工区域显示

2. 使用操作器定义操作器区域

可以使用操纵器来定义操作器区域以及所需加工区域的限制模式。

（1）单击“操作器”以将其激活。

已激活的操作器将变成灰色，并在箭头周围显示两个同心圆形区域，如图 3-34 所示。

（2）选择圆形区域的内部：

1）使用标尺定义位置值。单击“平行三角形”并将它们滑动到所需位置。

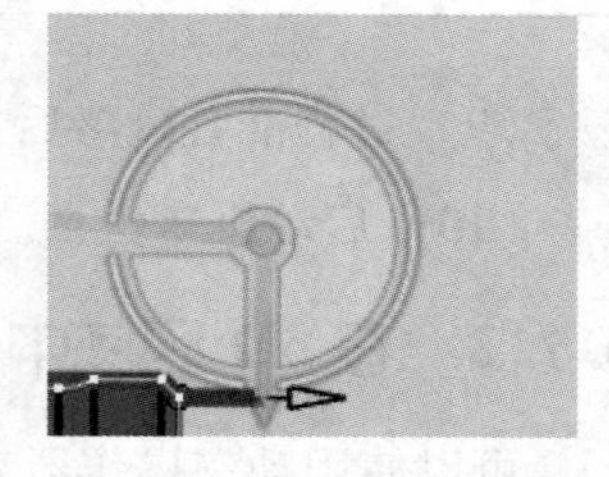

图 3-34　已激活的操作器

2）手动定义位置值。单击该值以显示和编辑文本字段长度。

3）沿着轮廓将操作器拖放到理想位置。

① 如果选择了外部几何图形，则位置值将被视为主轴平面中所选几何图形中点的偏移值。

② 如果操作器在由轮廓定义的区域内，则操作器区域由操作器在向前和向后方向上定义。这可用于径向限制区域。

③ 如果操作器位于由轮廓所定义的区域之外，则操作器区域从操作器在坯料轮廓上的向后投影延伸到操作器位置。如果没有投影，则不会显示操作器区域解。

将其关联到一个外部几何图形（点、边线或平面）。

（3）选择外圆：

1）使用量角器定义角度值。单击操作器箭头并将其滑向所需角度。

2）手动定义角度值。单击该值以显示和编辑文本字段角度。

3）通过单击外圆依次定义角度值。角度按 90°增量增加。

（4）通过从“上下文”菜单中选择以下选项之一来选择限制模式，如图 3-35 所示。

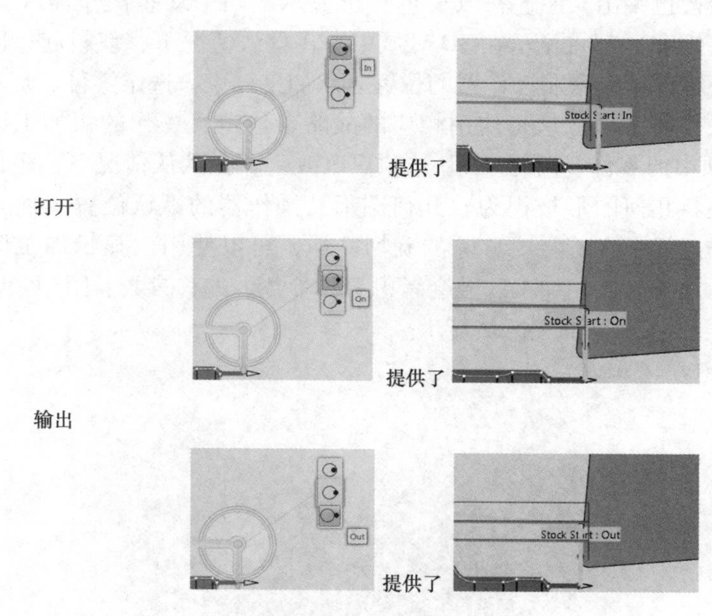

图 3-35　模式选择

定义加工区域，现在可以计算此区域的刀具路径。

3. 使用操作器定义位置和方向

可以使用操作器来为加工操作定义位置和方向参数。

(1) 右击位置箭头或方向箭头下方以绿色突出显示的文本。

(2) 在出现的“上下文”菜单中，选择所需的设置，应用位置和方向参数。

3.7.3　为同步使用 APT 语法

1. 加工操作级别

APT 中的同步语句定义，如图 3-36 所示。

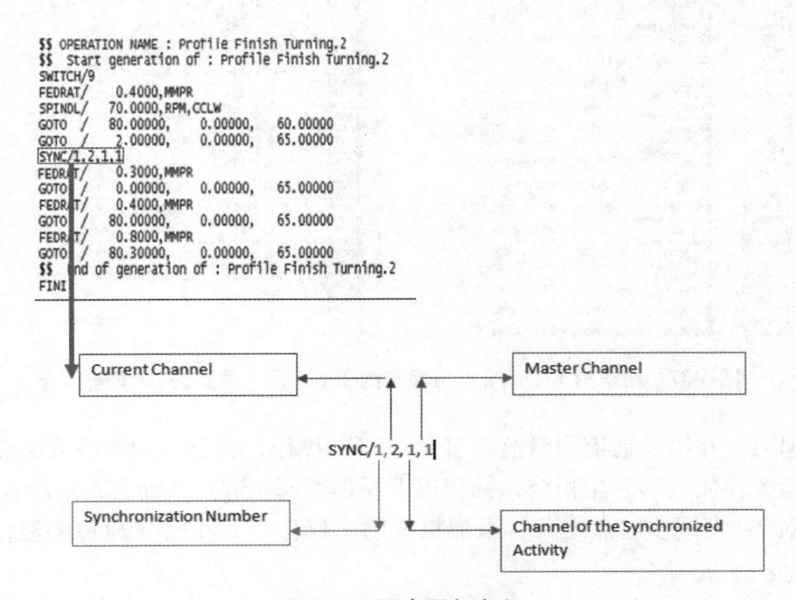

图 3-36　同步语句定义

如果粗车削 1（开始）与粗车削 2（开始）同步并且主通道定义为第一通道。

在“同步”对话框中，用户可以按照以下步骤配置粗车削的同步操作，以确保主通道（定义为第一通道）与其他通道的协调：

1）MO 层：选择并确认粗车削 1 操作，在第一通道中激活。

2）同步指令：插入→开始指令，用于标记粗车削 1 的同步起点。

3）粗车削 2：在同步起点之后，添加粗车削 2 操作，并在相关通道中激活。

4）同步指令：再次插入→开始指令，以同步粗车削 1 和粗车削 2 的执行。

5）转塔选择：指定转塔（如 Turret_Product35871.1）来管理当前操作的刀具路径。

在 APT 输出中，SYNC/1，2，1，1 表示同步编号为 1，第一通道（当前通道）为主通道，同时与第二通道同步执行。此配置确保粗车削 1 和粗车削 2 的同步操作。

APT 输出如图 3-37 所示。

如果粗车削（开始退刀）与粗车削（开始）同步并且主通道定义为第一通道。

在“同步”对话框中，用户可以按以下步骤配置粗车削操作的同步，以确保在主通道（第一通道）上开始退刀动作时，与其他通道的粗车削操作保持同步。具体步骤如下：

1）MO 层：选择并确认当前工序所在的 MO 层。

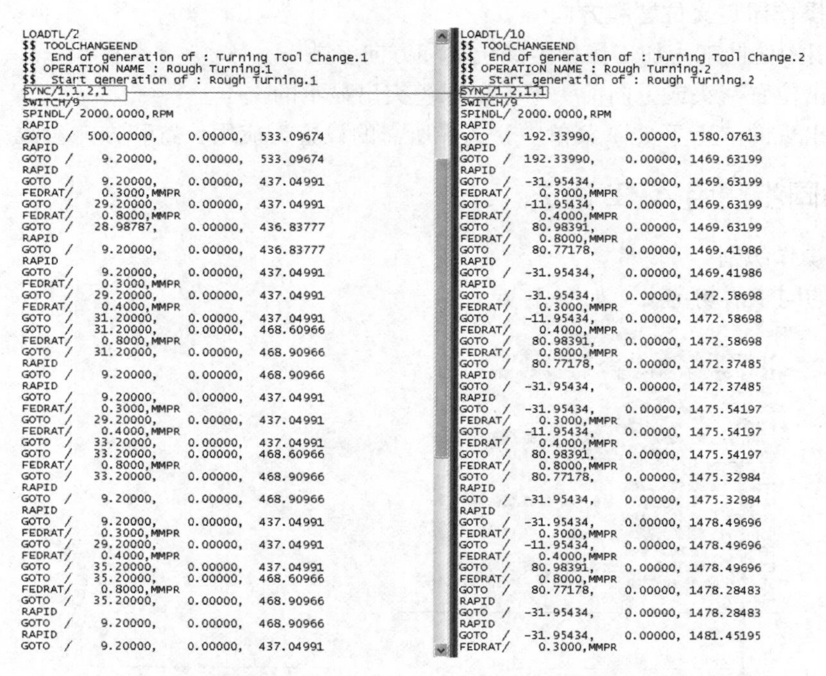

图 3-37 粗车削 1（开始）与粗车削 2（开始）同步的 APT 输出

2）开始退刀：在第一通道中激活“开始退刀”操作，为退刀动作设置起点。

3）同步指令：插入→开始指令，标记退刀操作的同步起点，使其与后续操作同步。

4）粗车削 2：在同步起点之后，添加粗车削 2 操作，并在第二通道中激活，以便与主通道的退刀同步。

5）同步指令：再次插入→开始指令，以确保粗车削（开始退刀）和粗车削 2 的同步启动。

6）转塔选择：选择转塔（如 Turret_Product35871. 1）来管理刀具路径，确保在多通道操作中刀具的协调运行。

APT 输出如图 3-38 所示。

2. 在刀路层

如果前导粗车削 1 与滞后粗车削 2 同步（用于结束升离并且有 10mm 的延迟）。

在“同步”对话框中，为了实现前导粗车削 1 与滞后粗车削 2 的同步，可以按以下步骤进行配置。此设置用于结束剥离动作，同时在粗车削 2 中设置 10mm 的延迟，以便按预期的顺序完成各操作。具体步骤如下：

1）刀路层：选择并确认当前操作的刀路层。

2）粗车削 1：在第一通道中激活前导粗车削 1 操作，作为同步过程的初始操作。

3）粗车削 2：在第二通道中激活滞后粗车削 2 操作，并将其配置为与前导粗车削 1 同步执行。

4）延迟活动（粗车削 2）：设置滞后粗车削 2 的延迟活动，以确保同步时此操作会有一个预设的延迟。

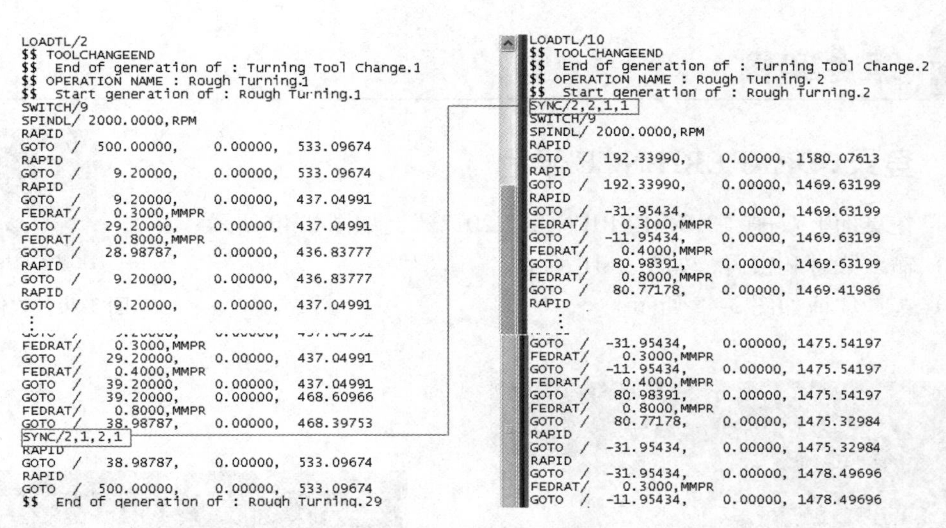

图 3-38 粗车削（开始退刀）与粗车削（开始）同步的 APT 输出

5）终点（剥离结束）：标记同步操作的结束点，指定为剥离结束，以便在同步操作结束时自动升离。

6）延迟距离（10）：设置滞后粗车削 2 的延迟距离为 10mm，使其在前导操作后延迟 10mm 开始，确保同步的延迟效果。

7）立即退刀：在结束点后立即启动退刀操作，以保证操作的安全性和连续性。

8）转塔选择：选择转塔（如 Turret_Product35871.1）来管理当前刀具路径的协调运行。APT 输出如图 3-39 所示。

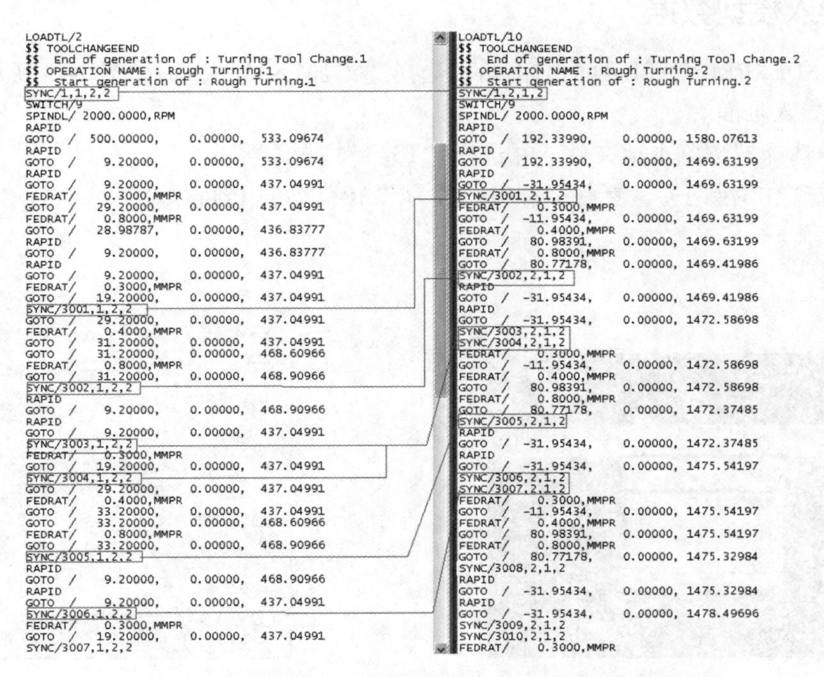

图 3-39 前导粗车削 1 与滞后粗车削 2 同步的 APT 输出

3.8 综合实例

3.8.1 登录 3DEXPERIENCE 平台

(1) 在桌面上双击“3DEXPERIENCE R2018x”，如图 3-40 所示。
(2) 输入账号和密码，如图 3-41 所示。
(3) 选择凭证如图 3-42 所示。

图 3-40 软件图标

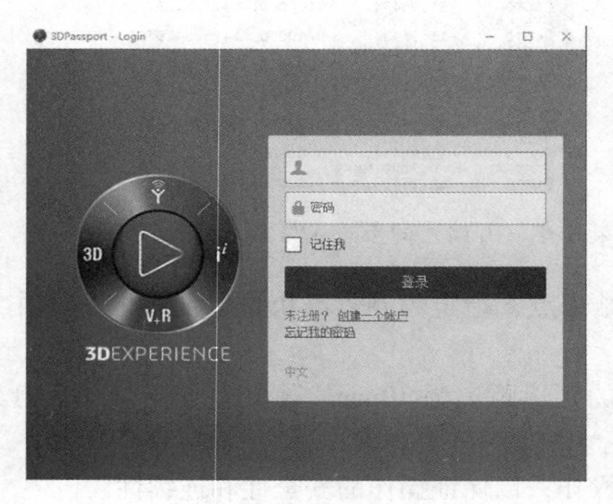

图 3-41 登录界面

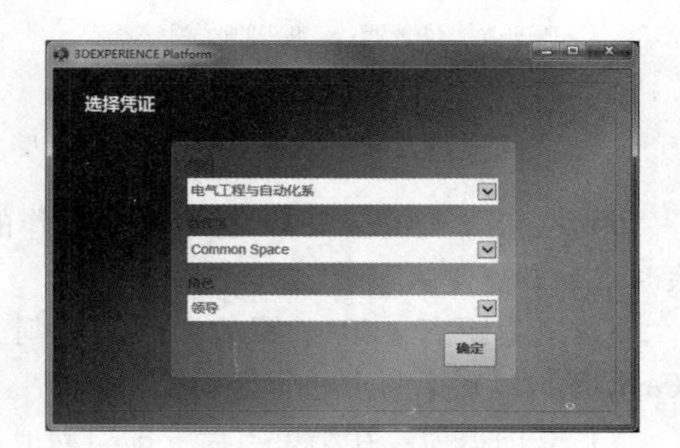

图 3-42 选择凭证

3.8.2 导入模型数据

(1) 在 3DEXPERIENCE 页面右上角，选择“添加”>“导入”，如图 3-43 所示。
(2) 在导入页面。
1) 打开选择器浏览本地文件，并选择“T3. 3 数据模型”。
2) 勾选“作为新项”，复制字符串设置为“A0”（可以随意添加），然后单击“确认”，如图 3-44 所示。

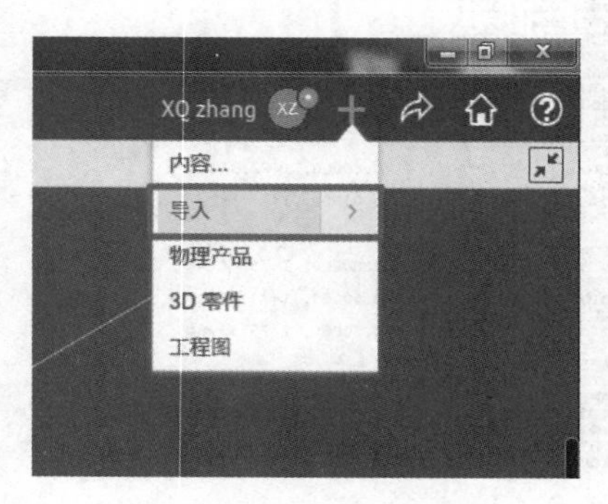

图 3-43 导入界面

图 3-44 导入页面浏览本地文件

如果没有数据模型，先与管理员联系，后续的操作必须拥有数据模型。

（3）右击“选择导入的文件”>“打开”。

该文件是一个 T3. 3 虚拟仿真工作站，可以播放以查看最终动作。接下来将利用这里面的模型搭建一个新工作站，如图 3-45 所示。可以将其放在收藏夹中以便下次使用。

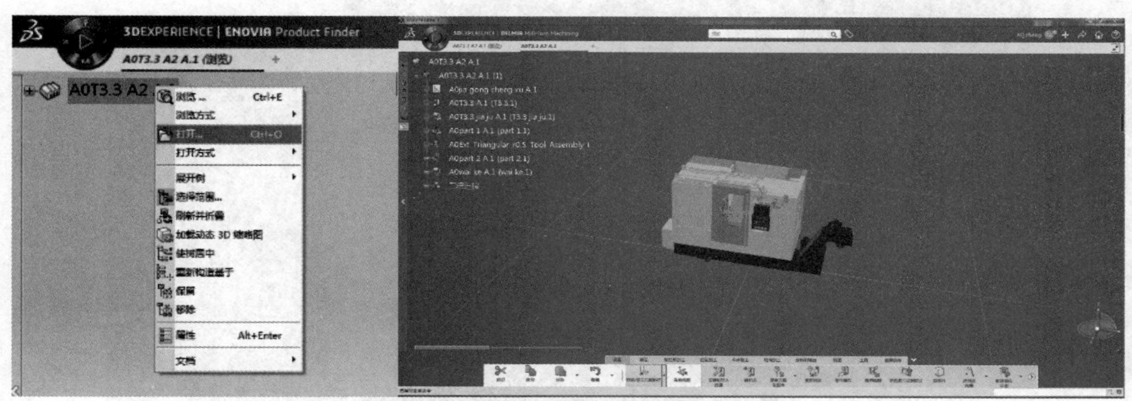

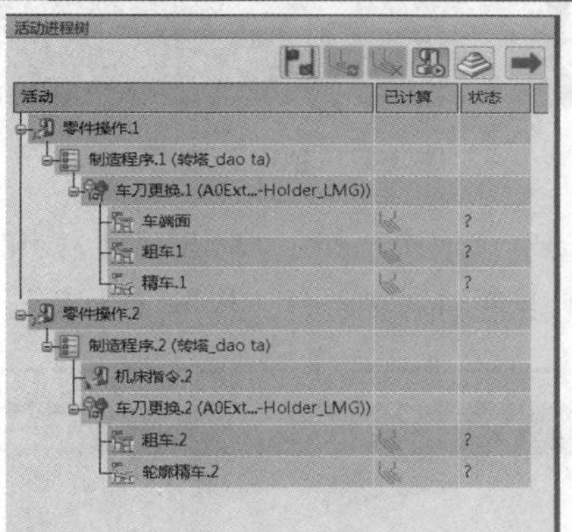

图 3-45　虚拟工作站搭建

导入 T3. 3 虚拟仿真工作站的数据模型，如图 3-46 所示。

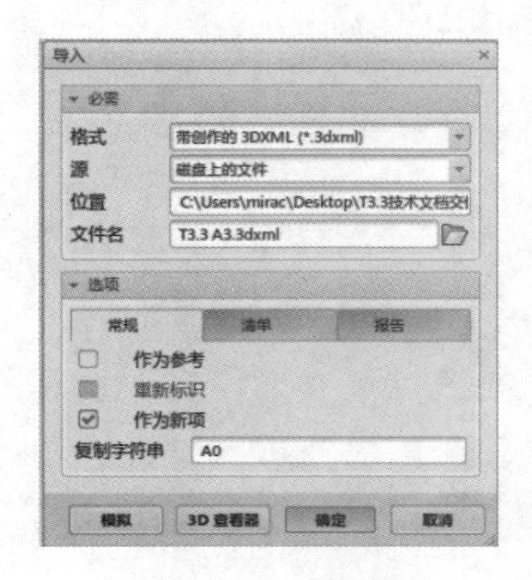

图 3-46　导入数据模型

3.8.3 创建 PPR 上下文

（1）单击“创建新选项卡”按钮，创建一个空白选项卡，如图 3-47 所示。

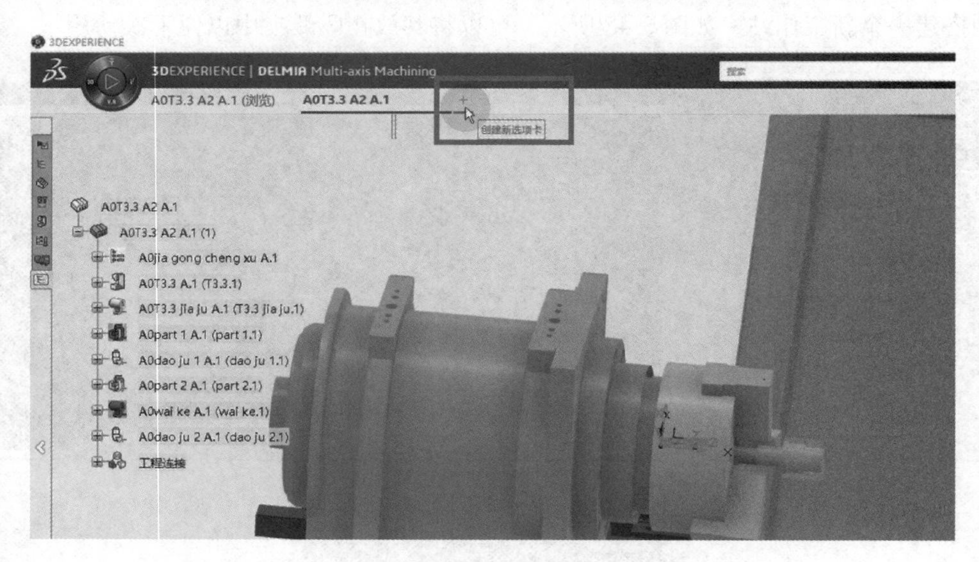

图 3-47 创建新选项卡

（2）页面停留在空白选项卡，依次选择：“V. R” 键>“Mill-Turn Machining”，此时将进入车床加工页面并在空白选项卡自动创建一个“PPR 上下文”，如图 3-48 所示。

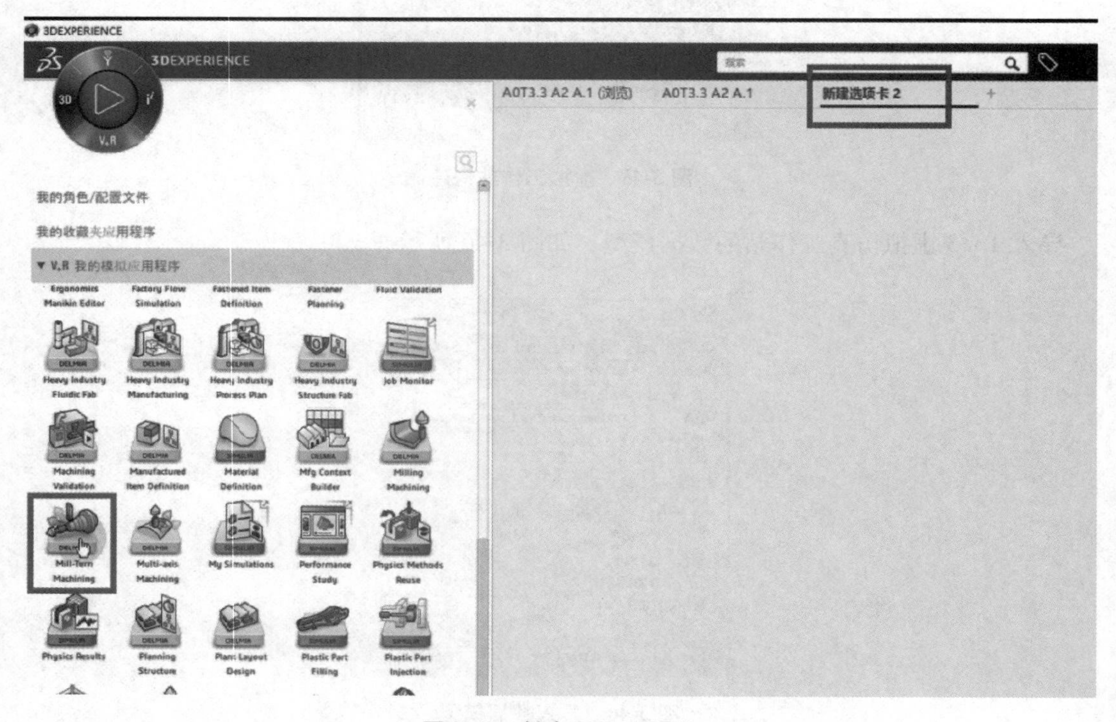

图 3-48 创建 PPR 上下文

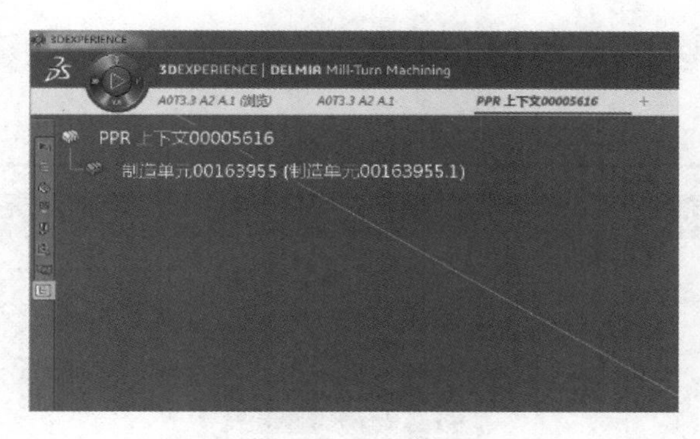

图 3-48　创建 PPR 上下文（续）

（3）修改名称。

右击“PPR 上下文”>“属性”>“参考”>“标题”，修改“PPR 上下文”的名称，如图 3-49 所示。

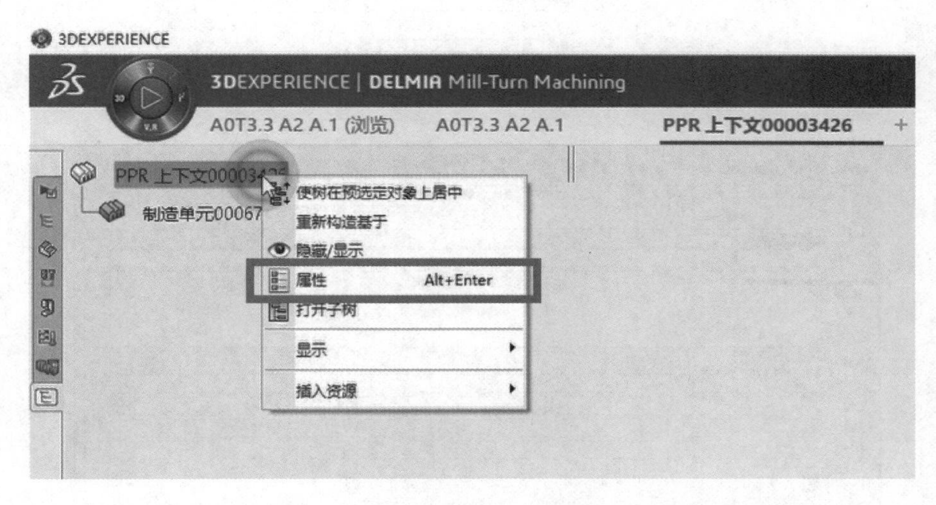

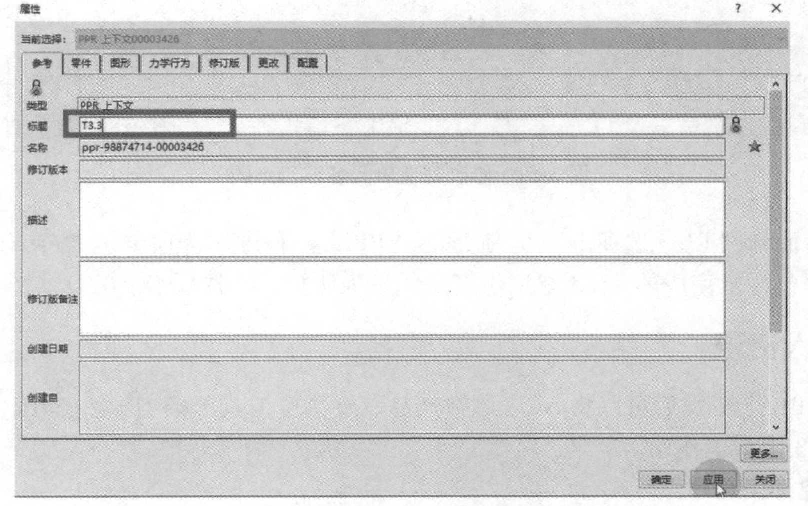

图 3-49　修改 PPR 名称示意图

（4）右击“制造单元”>“属性”>“实例”>“标题”，修改“制造单元”的名称，如图 3-50 所示。

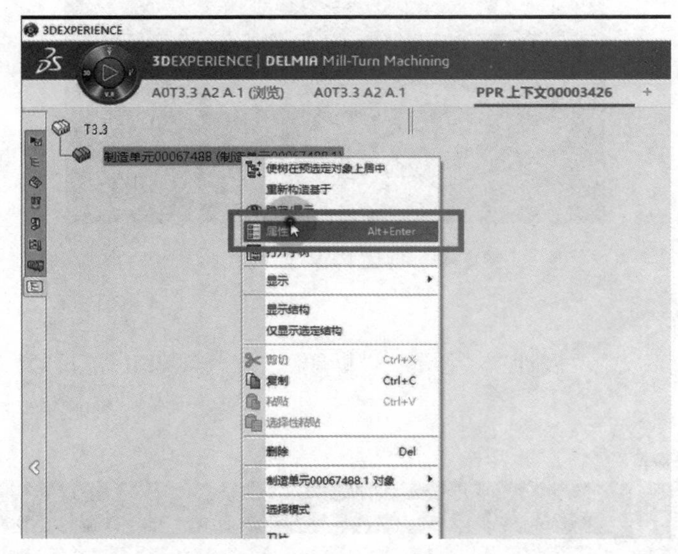

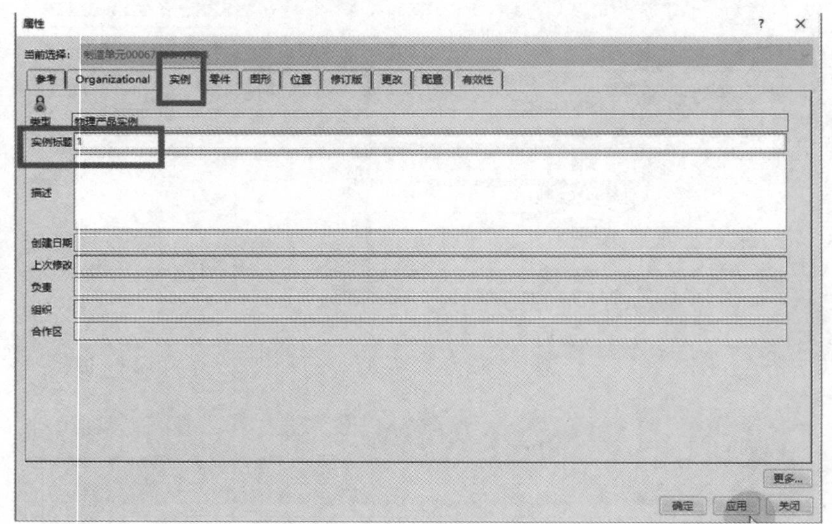

图 3-50　修改制造单元名称示意图

注意：后面称“T3. 3 选项卡”为新建的“PPR 上下文”选项卡。“A0 T3. 3 选项卡”为导入的数据包，已完成的 T3. 3 虚拟仿真工作站为所打开的选项卡。

3. 8. 4　导入资源

在创建 PPR 上下文后可以将 NC、制造产品、夹具、刀具等模型导入其中。模型来源于刚导入的 T3. 3 虚拟工作站。

（1）创建加工程序。

1）导入 NC，在下方工具条中选择“设置”>“安装和导入资源”，如图 3-51 所示。

2）在上方选项卡区域选择“A0T3. 3”选项卡，然后选择“机床 A0T3. 3”，如图 3-52 所示。

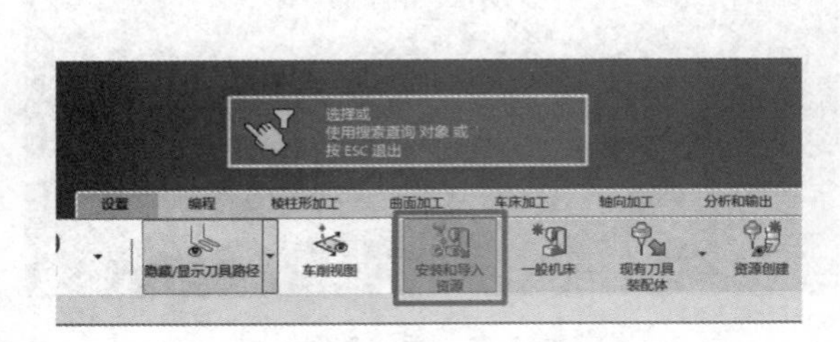

图 3-51　安装和导入资源

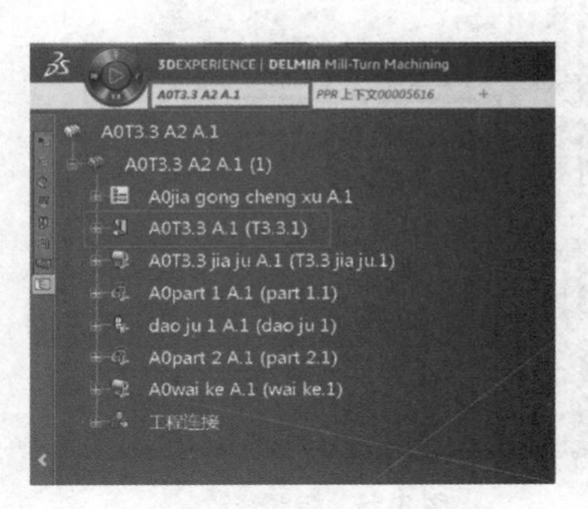

图 3-52　机床选择

3）此时机床将导入新建的 PPR 上下文中，并自动创建一个“加工程序”。右击“加工程序”>“属性”，如图 3-53 所示。

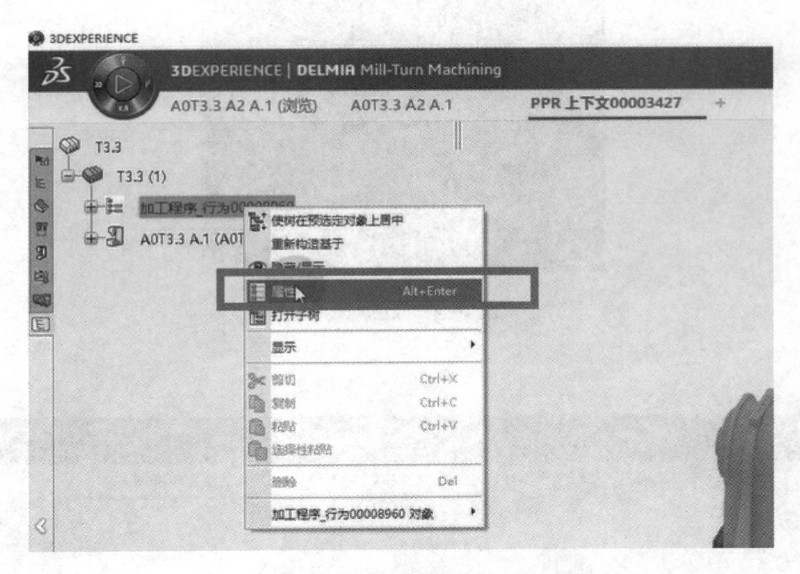

图 3-53　属性修改

4）在打开的“属性”窗口中选择：“参考”>“标题”，修改标题为：jia gong cheng xu，如图 3-54 所示。

（2）导入夹具。

1）在工作区域选择“导入附件”，如图 3-55 所示。

2）选择“A0T3. 3”选项卡，选择需要的夹具：A0T3. 3 jia ju，如图 3-56 所示。

3）回到“T3. 3”选项卡，选择安装夹具的位置（轴系）：gong jian，双击空白区域以确定，如图 3-57 所示。

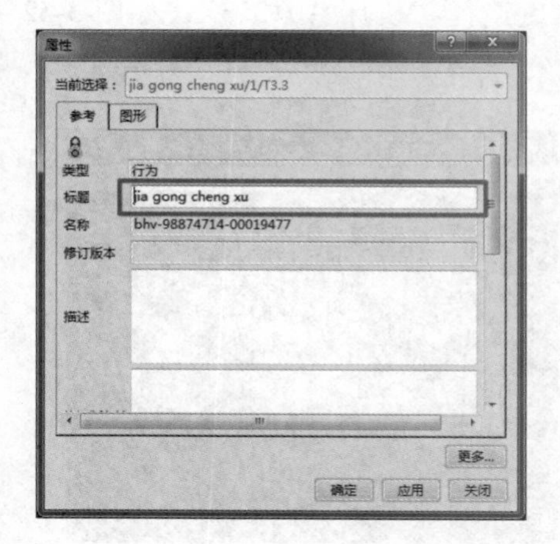

图 3-54　标题修改

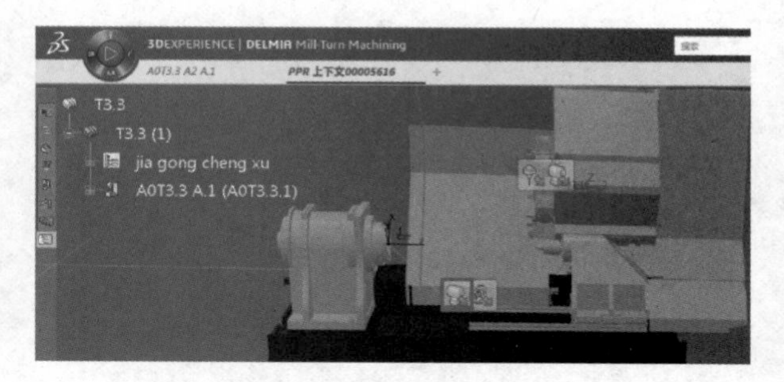

图 3-55　导入附件

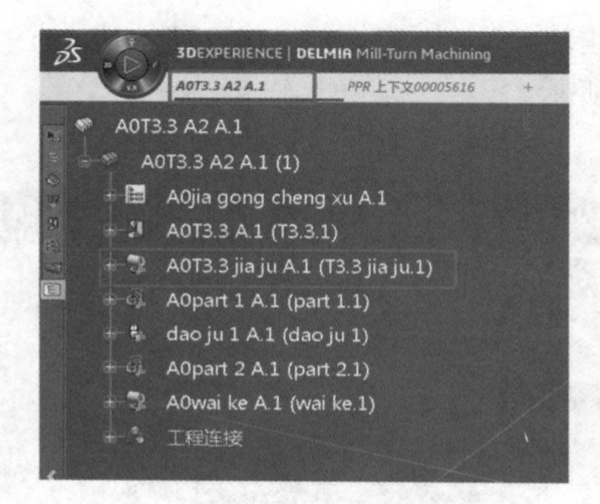

图 3-56　选择夹具

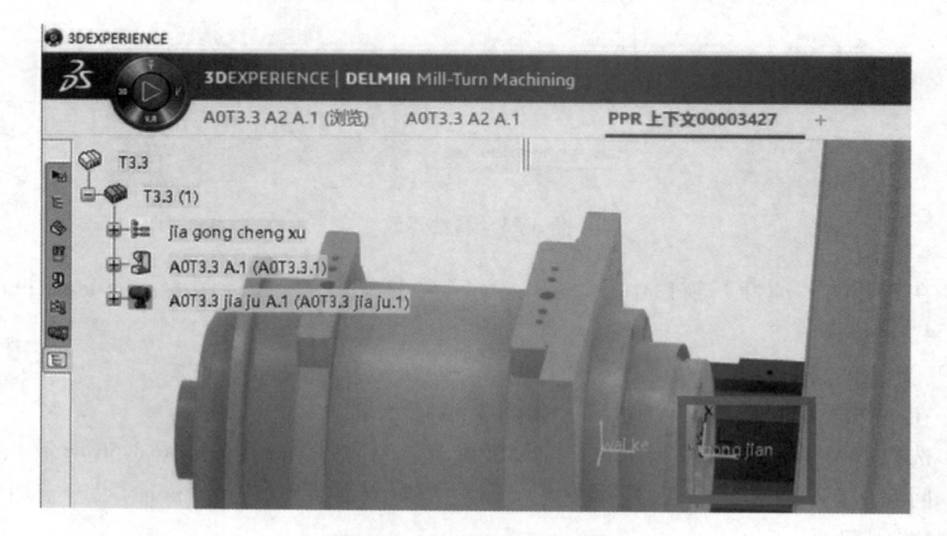

图 3-57　选择安装夹具位置

（3）导入 dao ju 1。

1）在工作区域选择“导入刀具装配体”，如图 3-58 所示。

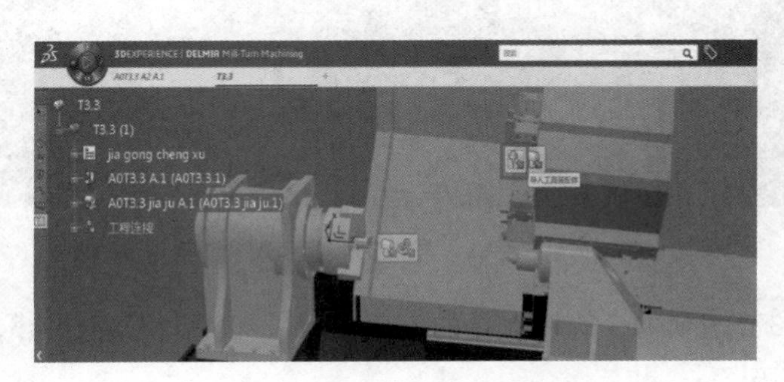

图 3-58　导入刀具装配体

2）选择“A0T3. 3”选项卡，选择需要的刀具：dao ju 1，如图 3-59 所示。

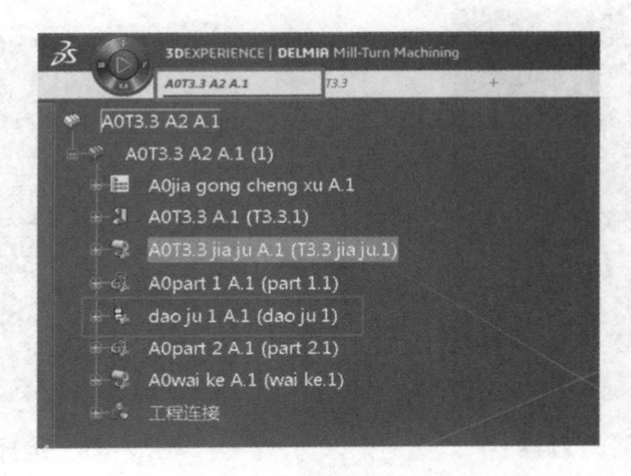

图 3-59　选择刀具

3）回到“T3. 3”选项卡，选择夹具的安装位置（轴系）：gong ju 1，双击空白区域以确定，如图 3-60 所示。

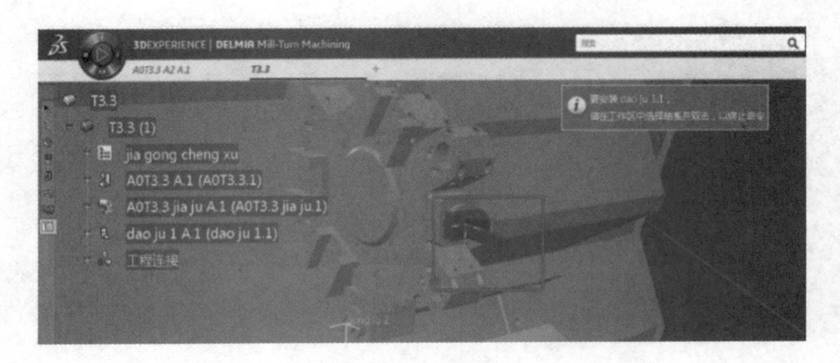

图 3-60　选择夹具的安装位置

（4）导入 dao ju 2。

1）在工作区域选择“导入刀具装配体”，如图 3-61 所示。

2）选择“A0T3. 3”选项卡，选择需要的刀具：dao ju 2，如图 3-62 所示。

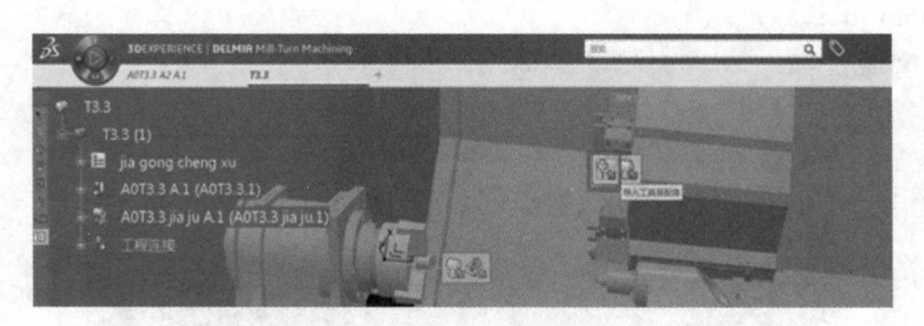

图 3-61　导入刀具装配体

3）回到“T3. 3”选项卡，选择夹具的安装位置（轴系）：gong ju 3，双击空白区域以确定，如图 3-63 所示。

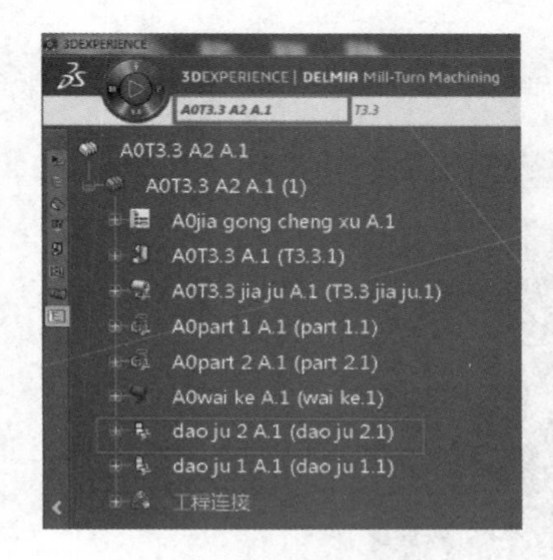

图 3-62　选择需要的刀具

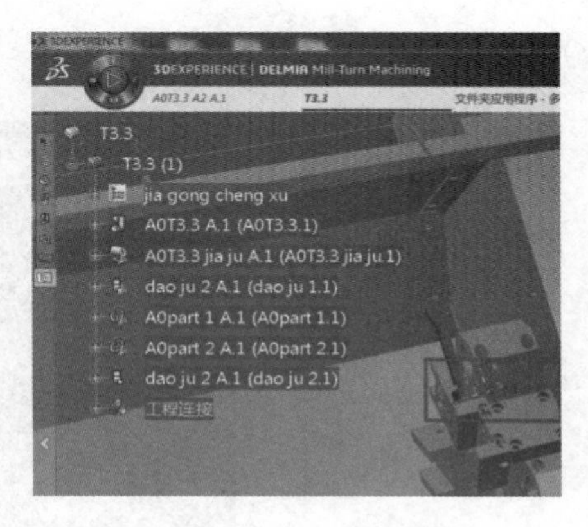

图 3-63　选择夹具的安装位置

（5）导入制造产品（part1）。

此处将导入两个制造产品，加工一个时，将另一个隐藏。

1）在工作区域选择导入制造产品，如图 3-64 所示。

图 3-64　导入制造产品

2）选择“A0T3. 3”选项卡，选择需要的制造产品：A0part 1，如图 3-65 所示。

3）回到“T3. 3”选项卡，选择夹具的安装位置（轴系）：gong jian an zhuang，如图 3-66 所示。

4）拖动机器人的 W 轴，距离为−40mm（可以双击数值手动设置）。双击空白区域以确定，如图 3-67 所示。

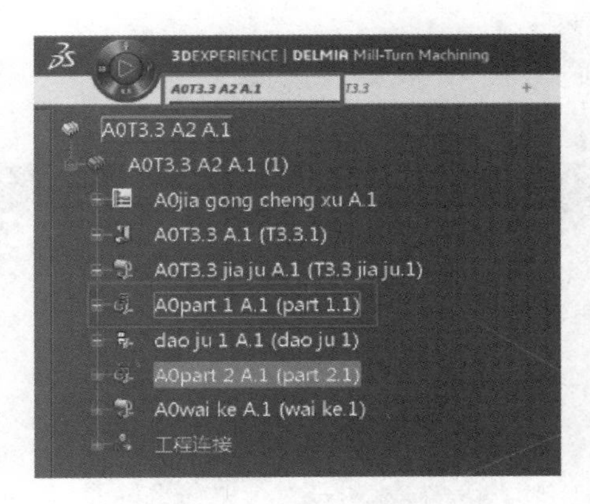

图 3-65　选择需要的制造产品

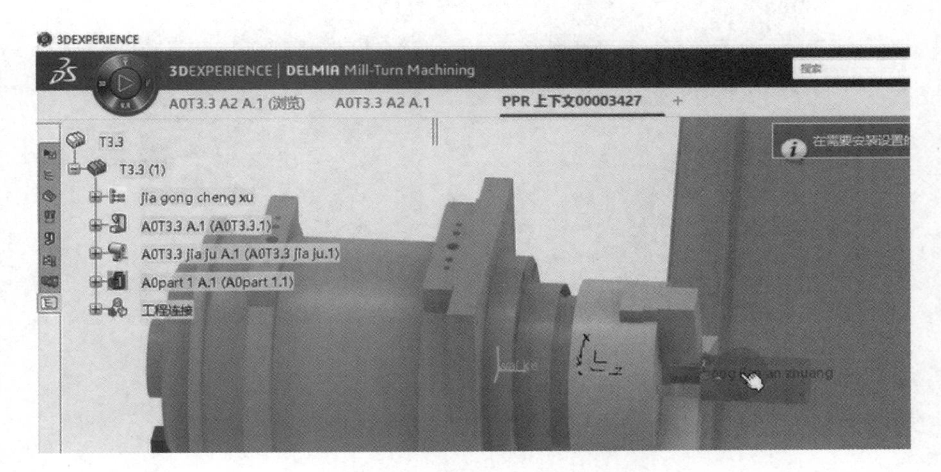

图 3-66　选择夹具的安装位置

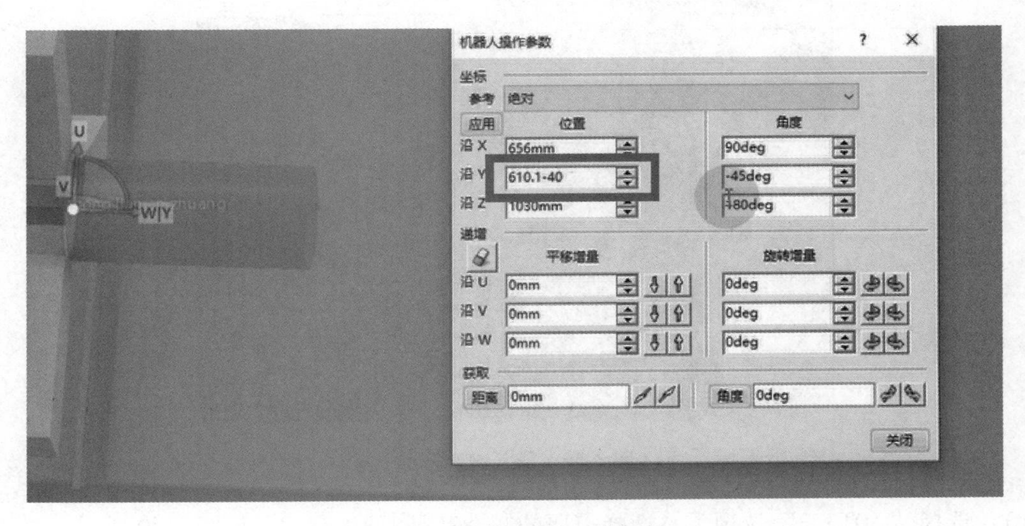

图 3-67　机器人的 W 轴设置

（6）导入制造产品（part2）。

1）隐藏 A0part 1，如图 3-68 所示。

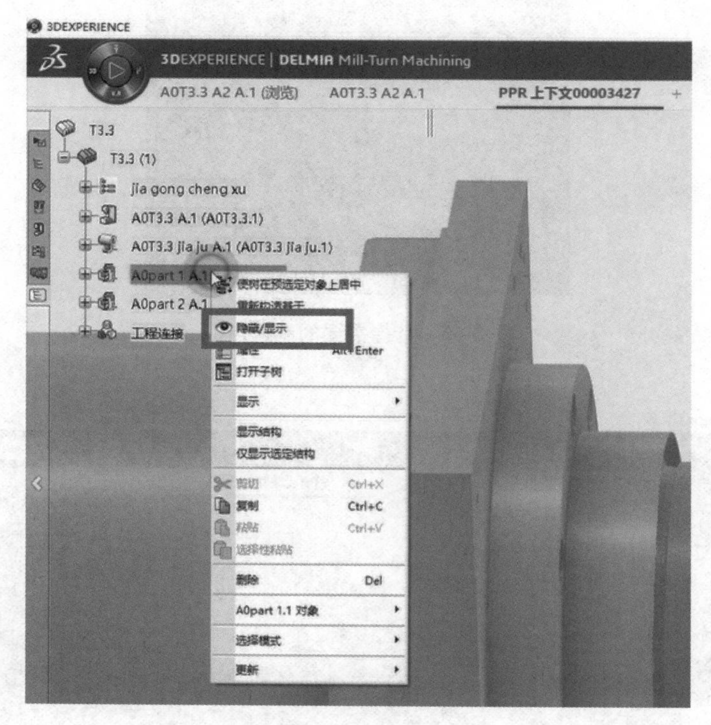

图 3-68　隐藏 A0part 1

2）在工作区域选择导入制造产品，如图 3-69 所示。

图 3-69　导入制造产品

3）选择“A0T3. 3”选项卡，选择需要的制造产品：A0part 2，如图 3-70 所示。

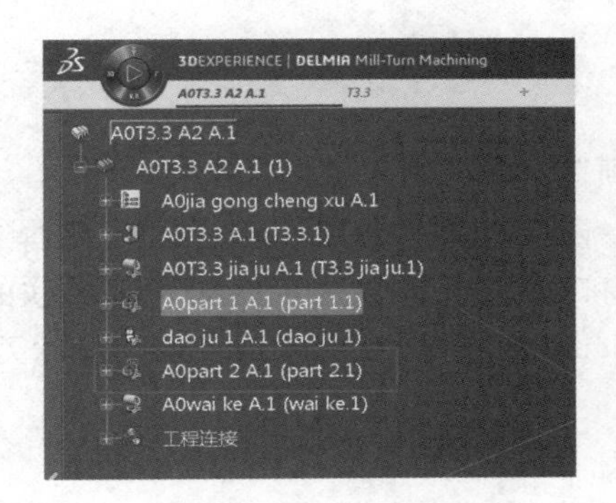

图 3-70　选择需要的制造产品

4）回到“T3. 3”选项卡，选择夹具的安装位置（轴系）：gong jian an zhuang，如图 3-71 所示。

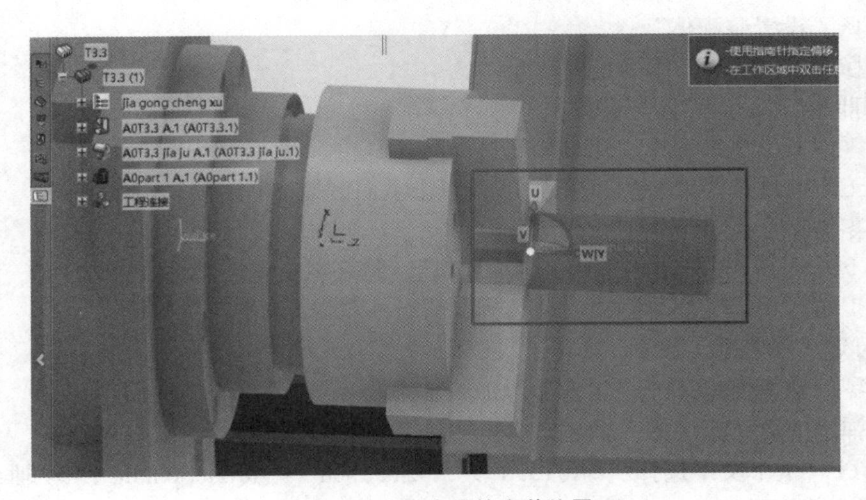

图 3-71　选择夹具的安装位置

5）拖动机器人的 W 轴，距离为-55mm，可以双击数值手动设置。双击空白区域以确定，如图 3-72 所示。

图 3-72　机器人的 W 轴设置

3. 8. 5　定义零件操作

此时，工具、夹具、制造产品均已安装到位。接下来我们将定义首选项设置，设计零件与坯料、加工轴系。

（1）设置首选项。

1）选择“ME”>“首选项”。

2）在弹出的“首选项”窗口选择“加工”。在左下角选择“将参数重置为默认值”。

3）在弹出的“重置”窗口中，选择“选定的解及其关联的应用程序”单击“确定”。选择“首选项”>“加工”>“Simiulation”>“在机床仿真期间显示刀具路径”，单击“确定”以保存。

4）如果没有明确的需求，默认设置能完成绝大部分操作，特别是对于新手而言。

（2）在“活动流程上下文”中双击“零件操作.1”进入零件操作.1窗口。

1）在“PPR上下文”中将“A0part 1”显示，“A0part 2”隐藏。

2）选择删除来移除多余的设置，使其仅剩下一个。

3）选择“移除所有与设置装配体相关的几何图形”。

4）选择“设置装配体”。

5）选择“A0part.1”作为设置装配体。

（3）可以定义设计零件与坯料。

1）在零件操作窗口选择“原坯料”。

2）在工作区域选择“坯料（高亮）”，双击空白区域。

3）在零件操作窗口选择“设计零件”。

4）在下方工具条中选择“隐藏/显示坯料”，将坯料隐藏，避免误选。

5）在工作区域看见坯料隐藏后，选择“设计零件”，双击空白区域。

（4）可定义参考加工轴系。

1）在零件操作窗口选择“选择参考加工轴系”。

2）在弹出的对话框中修改轴名，单击“轴系”以定义轴系。

3）在PPR上下文中选择：“A0T3.3”>“A0zhu zhou”>“A0A1 Spindle 1”>“轴系”>“gong jian”，此时一个零件操作定义便完成了，但我们仅定义了part1，接下来我们将定义part2，操作类似。

（5）首先我们要建立一个新的零件操作。

1）在下方工具条选择：“设置”>“零件操作”。

2）在活动进程树中选择“零件操作.1”。

3）这样将在零件操作下方创建一个新的零件操作，其名称为“零件操作.2”。

4）可以右击“零件操作.2”，选择重命名以修改其名称。

（6）可以零件操作下面创建制造程序。

1）在下方工具条中选择：“编程”>“制造程序”。

2）在活动进程树中选择“零件操作.2”，一个新的制造程序就被创建了。

3）建议将“A0part 1”隐藏，仅显示“A0part 2”。

（7）选择设置装配体。

1）双击“零件操作.2”将进入“零件操作”对话框，如图3-73所示。

2）单击“选择设置装配体”。

3）在“PPR上下文”中选择“A0part 2”。

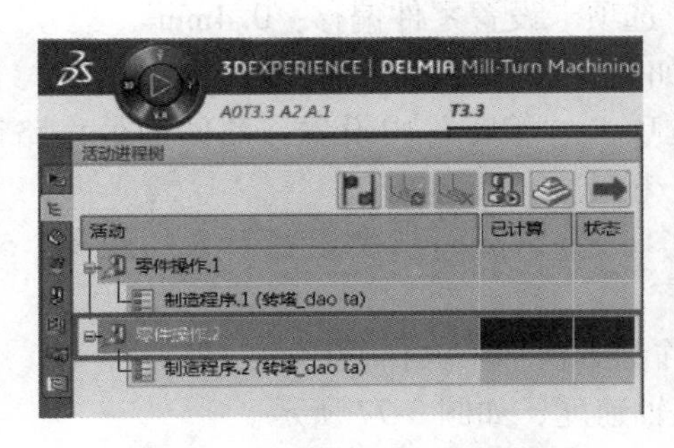

图 3-73　“零件操作”对话框

（8）选择“设计零件与坯料”，如图 3-74 所示。

1）选择设计零件。

2）选择原坯料。

（9）选择参考轴系。

1）在零件操作窗口选择“选择参考加工轴系”。

2）在弹出的对话框中修改轴名，单击轴系以定义轴系。

3）在“PPR 上下文”中选择：“A0T3. 3”>“A0zhu zhou”>“A0A1 Spindle 1”>“轴系”>“gong jian”。

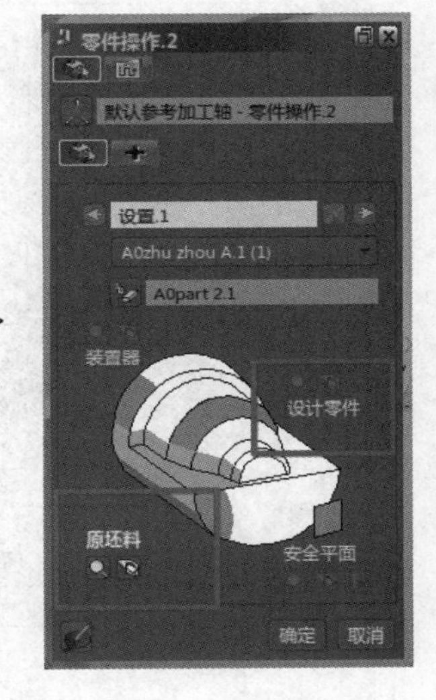

图 3-74　“设计零件与坯料”对话框

3.8.6　加工 part 1

（1）生成制作程序如图 3-75 所示。

1）将 A0part 1 显示，

2）A0part 2 隐藏。

3）在下方工具条中选择：“车床加工”>“粗车”。

4）在活动进程树中选择“制造程序 . 1”。

（2）定义几何图形参数。

图 3-75　生成制作程序

1）修改名称与备注。

2）选择设计零件。

3）通过“工具条”>“显示/隐藏坯料”，控制坯料的显示或隐藏。

4）选择原坯料。

5）在“几何体参数”选项卡设置零件偏移：0.4mm。

（3）定义策略参数，如图 3-76 所示。

1）在“策略参数”选项卡>“策略”中设置刀路间的最大路径：1.5mm；粗加工模式：纵向；方向：外部；位置：前进。

2）在“策略参数”选项卡>“option”中设置引入的距离：5mm；剥离的距离：5mm；剥离的角度：45°。

3）选择“dao ju 1”作为本次加工操作使用的刀具。

4）设置进给速度和主轴速度，如图 3-77 所示。

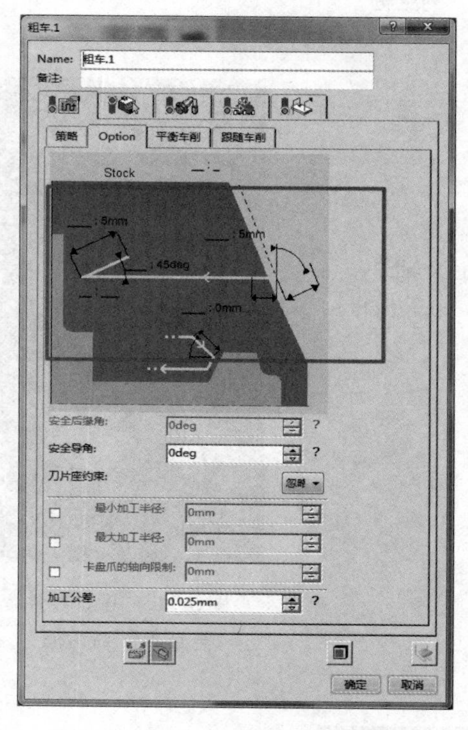

图 3-76　定义策略参数

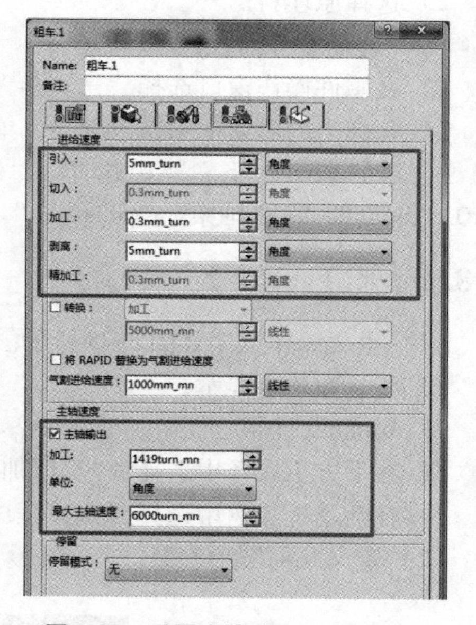

图 3-77　设置进给速度和主轴速度

5）激活进刀、退刀的宏，模式均设置为 DX-DZ。DX、DZ 的数值均为 50，如图 3-78 所示。

6）计算刀具路径，查看设置是否错误，或者播放刀具路径加工动画。确认无误后单击“确认”。

（4）车端面，选择“粗车.1”，在工具条中选择“粗车”。

1）修改名称和备注。

2）选择设计零件。

3）选择原坯料。

4）将零件偏移设置为 0mm。

（5）设置策略参数。

1）在“策略参数”选项卡>“策略”中设置刀路间的最大路径：0.2mm；粗加工模式：

面；方向：外部；位置：正面。

2）在“策略参数”选项卡>“option”中设置引入距离：5mm；剥离距离：5mm；剥离的角度：45°。

3）在“刀具参数”选项卡选择刀具。选择“dao ju 2”作为本次加工操作使用的刀具。

4）在“进给速度和主轴速度参数”选项卡设置进给速度和主轴速度，如图 3-79 所示。

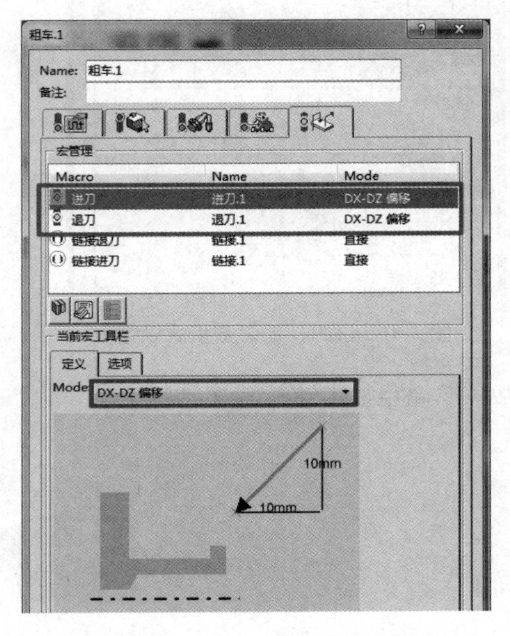

图 3-78　进刀、退刀模式设置

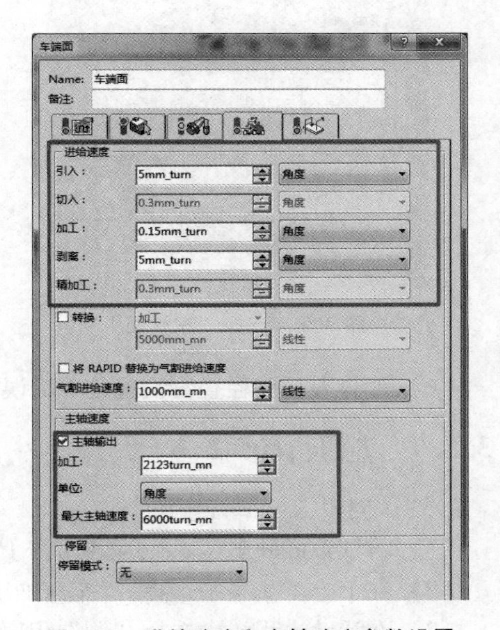

图 3-79　进给速度和主轴速度参数设置

5）激活进刀、退刀的宏，模式均设置为“DX-DZ”。数值均为 50mm。

6）计算刀具路径查看设置是否错误，或者播放刀具路径加工动画。

7）选择“车床加工”>“轮廓精车”，在活动进程树中选择“车端面”，如图 3-80 所示。

（6）设置几何体参数。

1）修改名称为：轮廓精车 . 1。

2）选择零件元素。

3）将零件偏移设置为 0mm。

（7）设置策略参数。

1）在“策略参数”选项卡>“General”中设置方向：外部，位置：前进。

2）在“策略参数”选项卡>“Machining”中设置引入距离：5mm，引入角度：90°，剥离距离：5mm，剥离角度：45°。

3）在“刀具参数”选项卡选择刀具。选择“dao ju 2”作为本次加工操作使用的刀具。

4）设置进给速度和主轴速度。

5）激活进刀、退刀的宏，模式均设置为“DX-DZ”，数值均为 50mm，如图 3-81 所示。

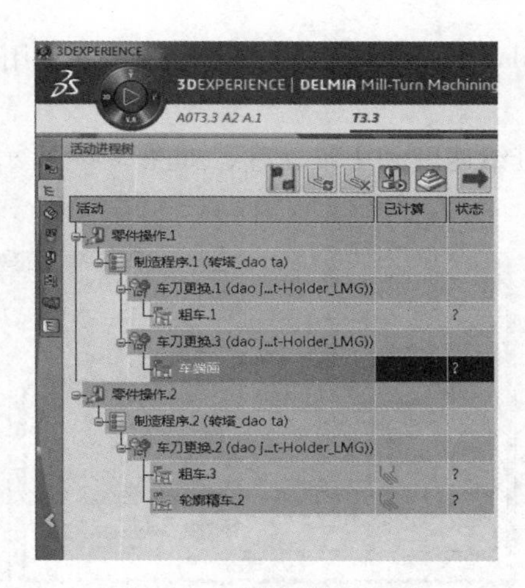

图 3-80 选择“车端面”

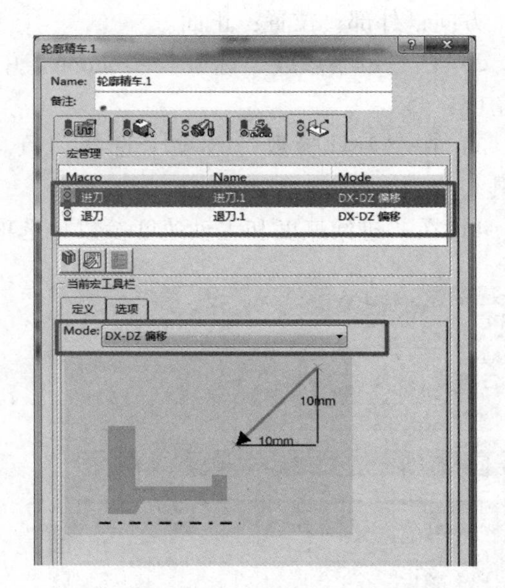

图 3-81 进刀、退刀宏模式设置

6）计算刀具路径查看设置是否错误，或者播放刀具路径加工动画。

3.8.7 加工 part 2

（1）创建：粗车.3。

1）将“A0part 2”显示，“A0part 1”隐藏。

2）在下方工具条中选择：“车床加工”>“粗车”。

3）在活动进程树中选择“制造程序.2”。

（2）设置几何体参数。

1）修改名称为“粗车 3”。

2）选择设计零件。

3）选择原坯料。

4）将零件偏移设置为 0.4mm。

（3）设置策略参数。

1）在“策略参数”选项卡>“策略”中设置最大切削深度：2mm，粗加工模式：纵向，方向：外部，位置：前进。

2）在“策略参数”选项卡>“option”中设置引入距离：5，引入角度：90°，剥离距离：5，角度：45°，策略为每条路径。

3）在“刀具参数”选项卡选择“刀具”。选择“dao ju 1”作为本次加工操作使用的刀具。

4）在“进给速度和主轴速度参数”选项卡设置“进给速度和主轴速度”，如图 3-82 所示。

5）激活进刀、退刀的宏，模式均设置为“DX-DZ”。数值均为 50mm。

6）计算刀具路径查看设置是否错误，或者播放刀具路径加工动画。

7）选择“车床加工”>“轮廓精车”，在活动进程树中选择：粗车 . 3。

（4）设置几何体参数。

1）修改加工操作名称为“轮廓精车 2”，将零件偏移设置为 0mm。

2）选择零件元素。

（5）为轮廓精车设置策略参数。

1）在“策略参数”选项卡>“General”中设置方向：外部、位置：前进。

2）在“策略参数”选项卡>“Machining”中设置引入距离：5mm，引入角度：90°，剥离距离：5mm，剥离角度：0°。

3）在“刀具参数”选项卡选择“刀具”激活进刀，选择“dao ju 2”作为本次机械加工操作所使用的刀具。

4）在“进给速度和主轴速度参数”选项卡设置进给速度和主轴速度。

5）退刀的宏，模式均设置为 DX-DZ。数值均为 50mm。

6）计算刀具路径查看设置是否错误，或者播放刀具路径加工动画。

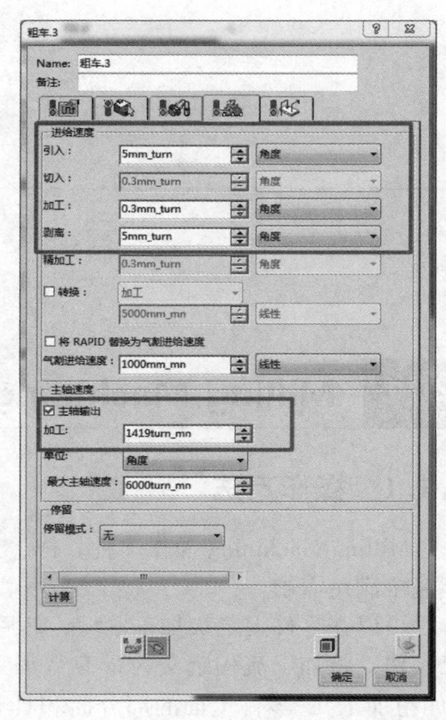

图 3-82　进给速度和主轴速度参数设置

3.8.8　播放车削动作

（1）播放“制造程序 . 1”。

1）在“PPR 上下文”中将“A0part 1”显示，“A0part 2”隐藏。

2）在“活动进程树”中选择“激活/停用机床运动学”“在仿真期间启用材料移除”。

3）确保所有加工操作的刀路计算都已完成。

4）选择“制造程序 . 1”，单击“播放”按钮，执行动画播放。

（2）播放“制造程序 . 2”。

1）在“PPR 上下文”中将“A0part 2”显示，“A0part 1”隐藏。

2）在“活动进程树”中选择“激活/停用机床运动学”“在仿真期间启用材料移除”。

3）确保所有加工操作的刀路计算都已完成。

4）选择“制造程序 . 2”，单击“播放”按钮，执行动画播放。

4

第4章 数字化铣削加工与仿真

4.1 Milling Machining 操作

4.1.1 操作方法

Milling Machining 操作多种多样，无论是基于加工区域还是基于操作的加工方式，它都能完全满足需求。

可以在零件上定义加工区域，然后为每个加工区域分配加工操作，或者可以针对各个加工操作，将加工流程定义为带有待加工区域的一系列加工操作。加工区域可以是整个零件(如粗加工)；零件上面的部分面和具有限制轮廓的零件的部分面。在制造计划中，加工操作的建议顺序如下：

1）粗加工。

2）(半）精加工。

3）未加工区域检测。

4）未加工区域返工。

5）文档生成和输出。

在要加工复杂零件，并事先清楚将对每个单独区域应用何种加工操作时，基于区域的方法十分有用。当准备加工一系列相似零件，或者拥有专用机器进行大批量生产时，此方法极为有用。需要定义某个零件上的区域，并为每个区域分配加工操作，然后进行加工。

最后，可以将计划以最小的加工成本应用于“系列”中的所有“成员”，因为加工策略已经定义（已选加工操作)，刀具已定义，只有区域需要重新定义，完全清楚要求何种类型的输出，因此，计算可分批运行以进一步减小时间损失。

加工操作的唯一必填数据是待加工区域（除同时要求原坯料的粗加工以外)，其他所有参数都有默认值。建议首先使用默认参数，除非确定自己要输入的值。当希望按加工顺序，逐步定义制造计划时，可使用基于操作的加工。每个加工操作都有要处理的区域，该区域被定义为操作数据的一部分。此方式对于单个或限制零件生产十分有用，它允许按步骤对要求进行定义。加工操作的唯一必填数据是待加工区域（除同时要求原坯料的粗加工以外)，其他所有参数都有默认值。

4.1.2 凹槽和外部零件

这一部分将帮助了解凹槽和外部零件是如何定义的。

第一种情况：刀具无法通过开口。存在两种刀具路径：一个位于灰色区域，仅由零件限制，即凹槽；另一个位于蓝色区域，仅由原坯料限制（在零件上方加工平面中），即外部零件，见图 4-1。

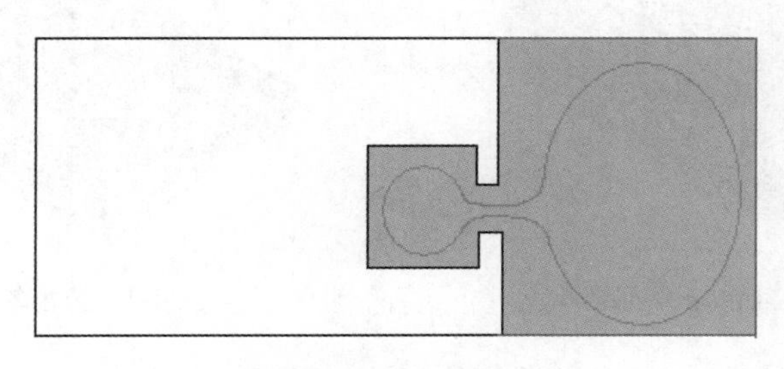

图 4-1　刀具路径

第二种情况：刀具能够通过开口。只存在一个刀具路径，受零件和原坯料限制。整个蓝色区域为外部零件。结果，上方灰色中的一部分将不再被认作是凹槽，当选择“凹槽”时，它不再被加工。

4.2　加工特征

本部分解释如何创建加工特征，例如，因为在零件上有太多的剩余材料，在零件上定义区域以使用特定类型的操作或返工。除此操作之外，还定义零件区域特定偏移或一组零件可变偏移。

4.2.1　关于 Milling Machining 的加工特征

1. 加工/斜坡区

加工区域用于定义零件上的不同区域，先定义加工区域，然后为每个区域分配加工操作。如果在开始加工之前，注意零件上某些区域将需要不同类型的加工操作时，这种方法将十分有用。加工区域的另一特征是这些区域可被分为水平、垂直和斜坡区域，且这些区域已分配了加工操作。加工区域可以是：整个零件（如粗加工），零件上面的部分面和具有限制轮廓的零件的部分面。

限制轮廓不用于计算斜坡区域。然而，当计算这些斜坡区域上的刀具路径时考虑限制轮廓：当创建斜坡区域时，将一个加工操作关联至每个子集。首先通过定义的子集限制相应的刀具路径，然后通过加工/斜坡区中几何图形选项卡页面上定义的限制轮廓限制。

水平和中间区域将被定义为线内，而垂直区域将被定义为线外，例如：

1）系统将只显示垂直区域，这些区域为不在闭合红色轮廓内部的区域，如图 4-2 所示。

2）系统将只显示水平区域，这些区域为闭合蓝色轮廓内部的区域，如图 4-3 所示。

2. 返工区域

一旦已对零件进行加工，并进行目测后，可以决定对某个仍留有剩余材料的区域进行返工。定义返工区域可只关注这些区域，从而赢得时间。

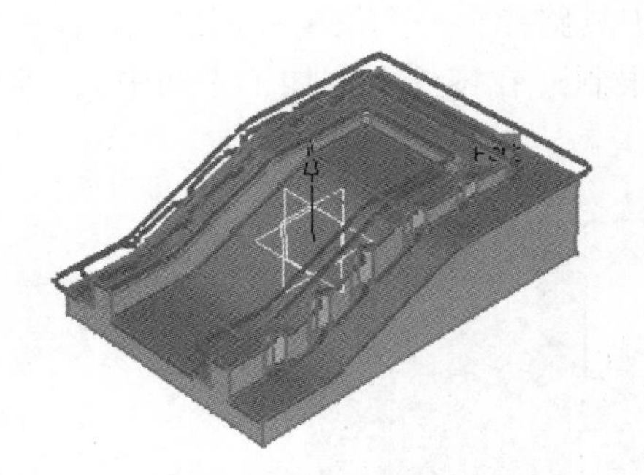

图 4-2　红色轮廓内部

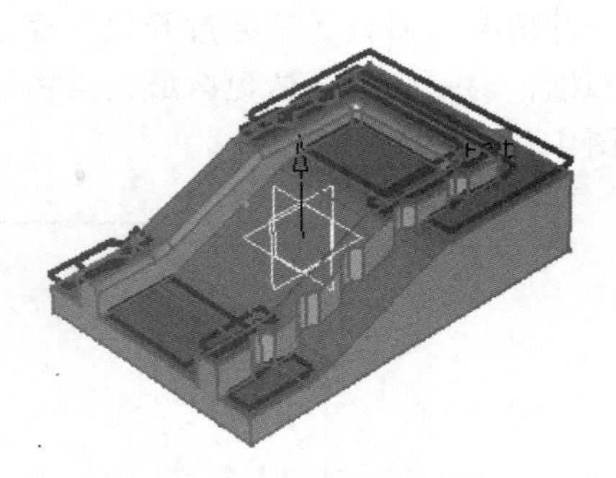

图 4-3　蓝色轮廓内部

某个零件上定义的返工区域可被重新使用，但受限于以下方面：

1）重新使用对于设计更改有效（即零件改进），但对于完全不同的零件（如从冲孔至冲压模）无效。

2）如果在返工区域计算中考虑切割点和子集，并且已经执行了多个手动分割和/或向其他子集的转移，则能否重新使用将更不确定，尽管当零件有巨大更改时，这些点和子集将不再相关，但这将会导致不一致的结果（如水平区域被视为垂直）。

3）可通过移除切割点和删除不更新的子集将手动分割和子集从原始返工区域中移除。如果该零件只是在原始零件上做出改进，则原始返工区域将可在其他零件上重新使用。

3. 偏移组

偏移组通过单一几何图形集可用于加工上方和下方模具。

（1）操作中的偏移组。

可以在加工操作中选择一个偏移组。偏移组可包含一个或多个偏移区域。

可以对一个偏移组应用整体偏移。偏移区域为带有偏移值（原始零件）和识别颜色的一组面（至少一个）。

在默认情况下，前一次加工操作中选择的偏移组在创建新的加工操作时，始终为建议默认值。提示将上一次创建的偏移组用于制造计划的第一个加工操作。当对加工操作做出修改并更改偏移组参考时，此修改将不应用于其他加工操作。此行为是“Me”>“首选项”>“加工”>“操作”选项卡中定义的使用当前程序的默认值独立选项。

（2）全局偏移和局部偏移。

下面列出的是全局偏移和局部偏移之间的差异。

对话框上部的“全局偏移”通常是将被应用于组的整体偏移。然而，它只应用于不具有自身特定偏移的偏移组中的偏移区域。“创建”选项卡中的“局部偏移”为应用至特定区域的局部偏移。我们以这样的组为例：

1）具有 10mm 特定偏移（创建选项卡中的局部偏移）的区域。

2）无偏移分配（该区域的原始状态）的剩余区域将 5mm 整体偏移（全局偏移）应用于此组。

3）第一个区域保持 10mm 的特定偏移。

4）而 5mm 的整体偏移将被应用于第二个区域。

当在作为装配体操作（添加、移除、装配）输出的零件上定义局部偏移时，不要选择

PPR 树中的零件，而是选择工作区域中此零件的所有面，如图 4-4 所示。

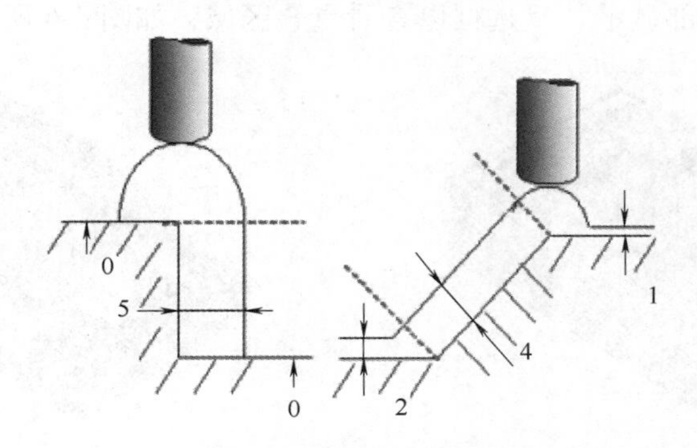

图 4-4 不同偏移面

① 偏差的厚度可以是负数。如果要使用负值，则刀具边角直径必须大于偏差的绝对值。

② 在具有两个不同偏移的面之间过渡时，只有较大偏移将被考虑在内。

③ 偏移组可与所有加工操作和返工区域一起使用。如果正在使用加工操作中包含偏移组的返工区域，将无法对偏移组做出修改。

④ 相同的面不能在同一组中的两个单独偏移中使用。在任何给定面上创建两个不同的偏移，为第二个值创建新组。

⑤ 如果偏移已定义在“加工操作”的对话框中，则此偏移将被添加至偏移组的全局偏移中。

⑥ 在第一个区域，将具有 10mm 局部偏移+加工操作中定义的偏移。

⑦ 在第二个区域，将具有 5mm 全局偏移+加工操作中定义的偏移。

4.2.2 定义要加工的区域

在开始加工之前，如果知道零件具有需要不同类型加工操作的区域，定义要加工的区域是非常有用的方法。

1. 计算加工/斜坡区域

必须首先计算斜坡区域上的加工。

（1）在操作栏的曲面加工部分中，单击“加工/斜坡区域”。“加工/斜坡区域”对话框将在“几何图形”选项卡中打开。

（2）仍在“几何图形”选项卡中：

1）单击敏感图标中的红色区域并在该工作区域中选择零件。

2）在工作区域中双击任意位置以确认选择并重新显示对话框。

（3）选择“斜坡区域”复选框。这可激活“定义和操作”选项卡。

（4）选择“定义”选项卡：

1）定义要使用刀具的参数，包括在加工区域上使用的加工公差和偏移。

2）保留默认角度选项。

3）单击“计算”。3 个不同区域类型（垂直、中间、水平）显示在零件上，并且现在列在对话框的“定义”选项卡上。在默认情况下，将全部显示，如图 4-5 所示。

4）使用“上下文”菜单隐藏或显示区域。

（5）选择“区域全部显示”复选框以查看重叠区域，如图 4-6 所示。

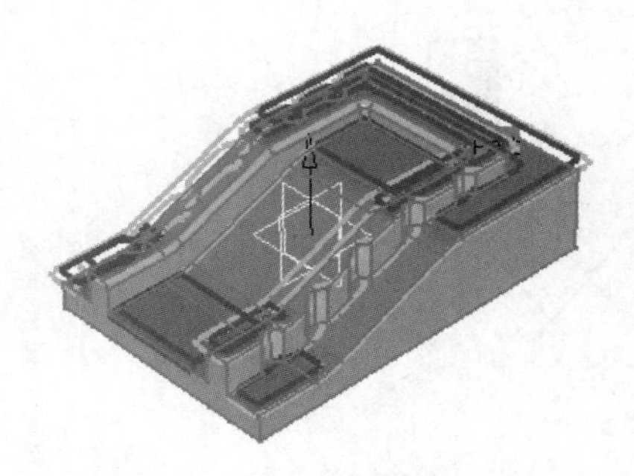

图 4-5　显示不同区域类型

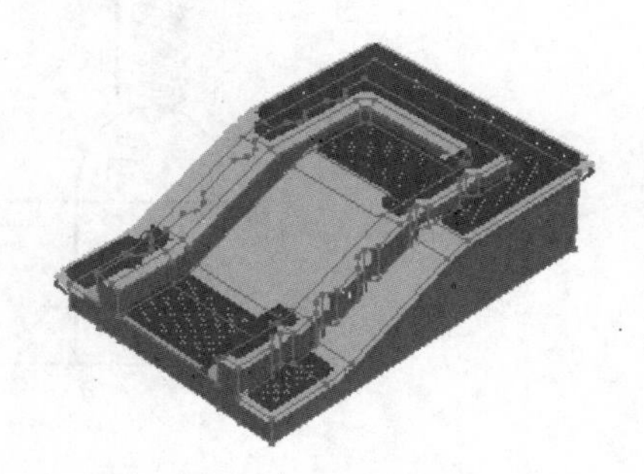

图 4-6　重叠区域

注意：与零件外部对应的垂直区域不在区域全部显示模式下显示，区域全部显示不在两个会话之间，必须重新计算。

（6）选择“区域全部显示”复选框以查看重叠区域。

选择“小区域”复选框。小区域值和考虑的区域与工具提示的表面比率。单击“箭头”并选择“参考轮廓”。使用值自动填充小区域旁的字段，在其下方任何区域都可与周围较大区域合并。或者，直接键入一个值。

2. 编辑斜坡区域

计算完成后可以编辑加工或斜坡区域。

（1）锁定斜坡区域：

1）单击“锁定”并编辑。

2）将进入“编辑”选项卡。符号表示“几何图形和定义”选项卡已锁定：可以访问它们，但是无法激活。

3）确保未选中区域全部显示。

（2）选择一个子集行。以下图标变得可用：

1）停用：停用子集中的轮廓：

① 单击“停用”，对话框将消失。

② 选择要停用的轮廓，它不再显示。

③ 双击工作区域中的任意位置，以返回对话框。

2）激活：重新激活选定子集的轮廓。

① 单击“激活”，已停用的选定子集的轮廓以点线显示。

② 选择要重新激活的轮廓。

③ 双击工作区域中的任意位置，以返回对话框。轮廓再次可视。

3）移除详细信息：移除任何子集中的详细信息。

① 单击“移除详细信息”并选择轮廓上要移除部分周围的两个点。白线表示可视化切口，如图 4-7 所示。

② 选择要移除的部分，如图 4-8 所示。

③ 计算并显示新封闭轮廓，如图 4-9 所示。

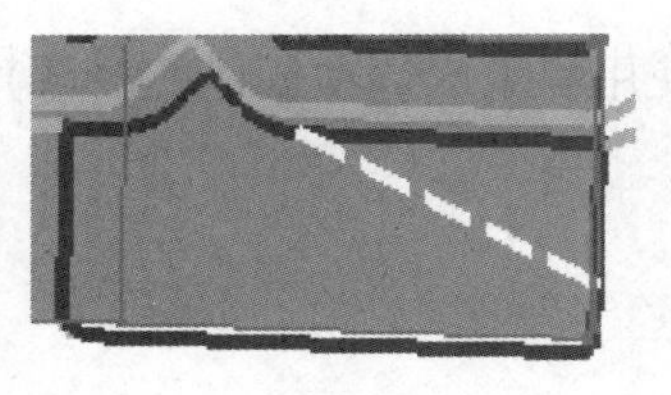

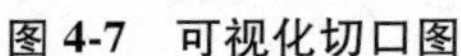

图 4-7　可视化切口图

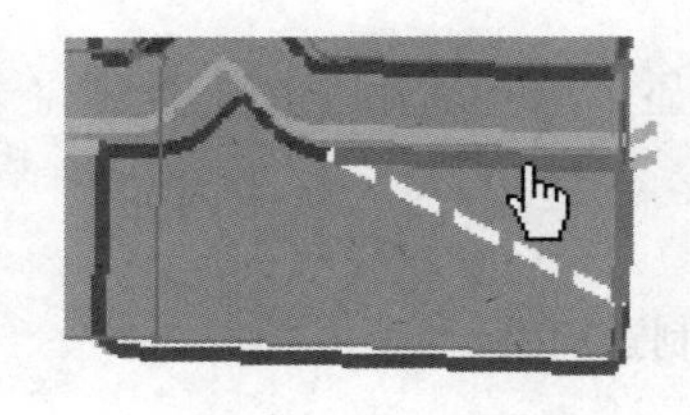

图 4-8　移除部分

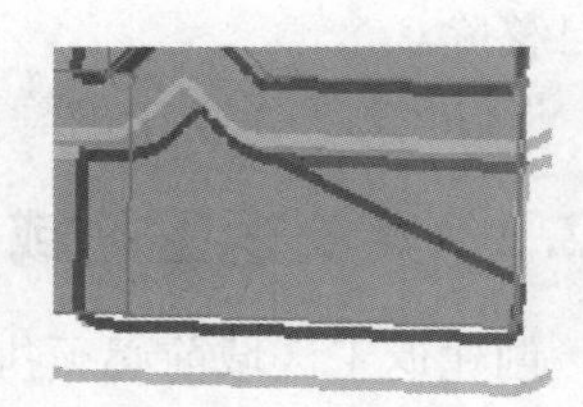

图 4-9　新封闭轮廓

④ 双击工作区域中的任意位置，以返回对话框。

4）创建区域的新子集：

① 单击，子集 x 项会添加至已计算子集的列表。这是一个用户子集，指必须填充它，其名称是自动识别名称。

② 从列表选择其显示颜色。

③ 右击列表中的子集 x 项以使用选择的轮廓填充子集。

④ 复制轮廓：选定轮廓从一个现有子集复制到当前子集。

⑤ 移动轮廓：选定轮廓从一个现有子集移至当前子集（不是复制）。

⑥ 删除：将选定子集从列表中移除。

⑦ 选择工作区域中的轮廓，双击工作区域中的任何位置以验证选择。轮廓添加至子集。

对于用户子集：

① 仅可将水平或中间轮廓添加至空子集。不考虑垂直区域。

② 仅可将相同类型的轮廓添加至包含轮廓的子集（仅可将水平轮廓添加至包含水平轮廓的子集，将中间轮廓添加至包含中间轮廓的子集）。

注意：

① 如果其他轮廓共享相同区域，系统会提示移除另一个部分。

② 当单击对话框中的“确定”时系统会验证这些修改。

③ 单击“解锁和重置”以重置所有计算和编辑，系统会显示消息警告所有修改已丢失。转至子集列表并执行隐藏/显示以重新显示斜坡区域。

3. 分配操作

可以分配加工操作至加工区域或斜坡区域。

（1）选择“操作”选项卡。将指针放在插入层框上并选择“活动流程树”中的“制造计划”。

（2）逐个单击区域并在分配操作中：

1）将螺旋铣削操作分配至水平区域和中间区域。

2）将 Z 级操作分配至垂直区域。

（3）单击“确定”。

尚未计算的加工操作将创建在“活动流程树中”。每项都包括它们所分配到的加工区域。在制造视图中，加工区域将与分配给它的加工操作一同创建。

4. 移除加工/斜坡区域

可以删除加工或斜坡区域。

选择“上下文”菜单中的移除结果以从制造视图移除加工/斜坡区域特征。消息确认特征已移除。

“上下文”菜单中的隐藏/显示项不适用于加工区域（未使用斜坡区选项创建的区域）。

4.2.3 定义返工区域

创建返工区域前必须执行制造计划。

1. 计算返工区域

必须首先计算返工区域。

（1）在操作栏的曲面加工部分中，单击“返工区域”。“返工区域”对话框在“几何图形”选项卡中打开。

（2）在“几何图形”选项卡中：

1）单击敏感图标中的红色区域并在该工作区域中选择零件。

2）在工作区域中双击任意位置以确认选择并重新显示对话框。

3）更改实体直径（如更改为 10mm）、圆角半径（如更改为 5mm）和返工名称。

（3）单击“计算”。

1）系统将显示进度指示器。在 100%完成之前可以随时取消刀具路径计算。

2）创建返工区域并让其在加工特征视图中可见，如图 4-10 所示。

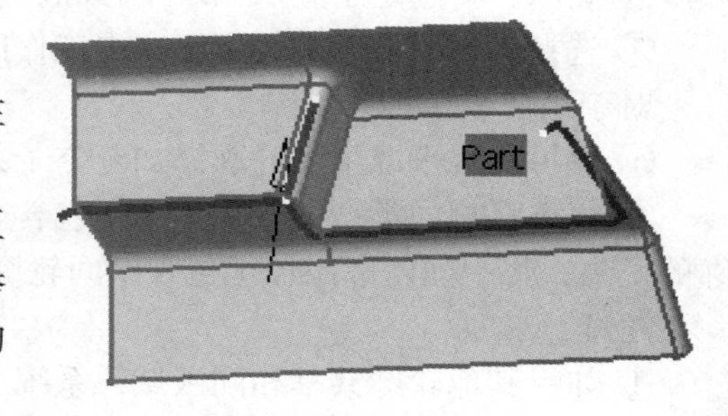

图 4-10 特征视图

（4）单击对话框顶部的“加载来源”，并在制造视图选择“加工操作或刀具或加工区域”。

1）加载来源从现有加工操作、刀具或加工区域加载所有相应的数据。它仅仅是定义返工区参数的加速器。有必要微调某些参数以获得正确的结果。

2）加工操作中参考的加工几何图形无法在加工操作内编辑或删除。

3）当选定的加工操作让其几何图形为在零件操作级别设计时，系统会显示警告消息且加载来源操作会失败。

（5）在定义选项卡中：

1）单击敏感图标的红色区域并在工作区域中选择零件。双击工作区域中的任何位置以确认选择并返回至对话框。

2）使用面向导选择面以创建要加工的区域。

提示：要在返工区应用检查，首先定义包含零件、限制线和检查的加工区域。选择此加工区域作为特征用于返工区域。

（6）为了限制要返工的区域定义限制线。

注意：为了避免在返工操作中剩余材料，对于返工区域的每个点，命令都会根据区域考虑刀具终点和 2 个接触点。当这 3 个点都在限制线外时限制返工区域。因此，限制结果可能在限制线外创建刀具终点。

（7）选择用于加工剩余零件的刀具参考轴。

（8）输入用于加工剩余零件的刀具数据：

1）要使用锥形刀具，键入正切除角度。对于端铣刀，保留默认值为 0°。

2）输入返工区的加工公差。为加快速度，应使用相同值作为加工操作中的加工公差，以便可在其中使用返工区。

3）可选：在加工区域中使用较小公差，在加工操作中使用较大公差，根据所需的精加工减少加工操作直到获得满意的结果。

4）输入交叠，即允许刀具超出返工区边界的距离，表示为刀具直径的百分比。

5）输入零件偏移，它是根据零件为返工区域计算的偏移。

6）输入最小深度，它可过滤出想忽略的区域，因为这些区域不够深。

7）如果需要，可选中检查接触复选框以检测零件和检查元素之间的双切线区域。刀具与零件元素之间至少存在一个接触点。

（9）单击“计算”。

2. 编辑返工区域

如果发现有太多要返工的区域或决定仅专注于返工区域的零件，可以转至“编辑”选项卡并定义其他参数以通过创建子集限制要返工的区域。

返工区的虚拟化直线的图形属性不可编辑。

（1）使用分割依据中建议的过滤器。默认情况下会建议角度和长度过滤器。

可选：激活长度过滤器。使用角度条件分割子集。仅在获得的子集长度大于长度值时执行分割。在默认情况下，长度设置为 6mm。对于最佳结果，建议将长度设置为刀具半径的 1/3。

（2）单击“计算”或“更新子集”。

子集列表显示在对话框中，在子集中具有用于计算的条件、显示颜色和元素数量。

当已在“操作”选项卡中定义插入层时，加工操作会有效地分配至子集。

（3）然而，使用上述条件可能不足以创建子集。在这种情况下，“按点手动”分割子集。

1）选择列表中的一个子集。

2）选择“上下文”菜单中的“按点分割”或单击。

红色点会出现在选定子集，白色交叉会替换红色点。子集已分割且列表中的元素数量已更新。根据需要创建分割点，如图 4-11 所示。

3）沿此直线移动光标至所需的位置。

4）单击直线以创建分割点。

（4）将元素从一个子集转至另一个子集：

1）在列表中选择想为其添加元素的子集。

2）从“上下文”菜单选择“添加/移除”或单击。

3）选择想从其他子集移除的元素，如图 4-12 所示。

（5）单击创建新的空子集，然后使用“添加/移除”菜单填充此子集。

（6）单击移除不需要的切割点。

（7）单击 删除未更新的子集和选择。

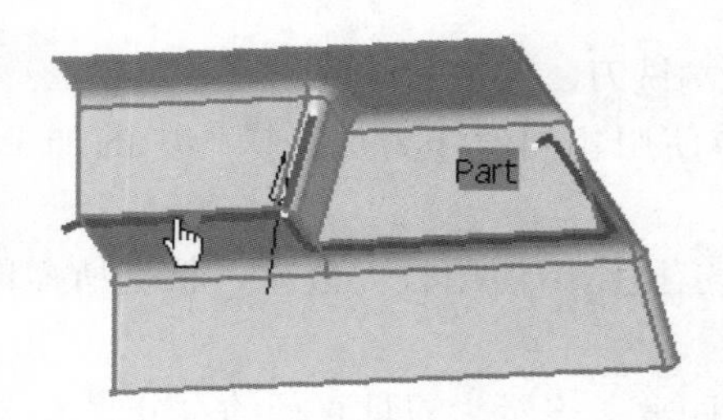

图 4-11　创建分割点

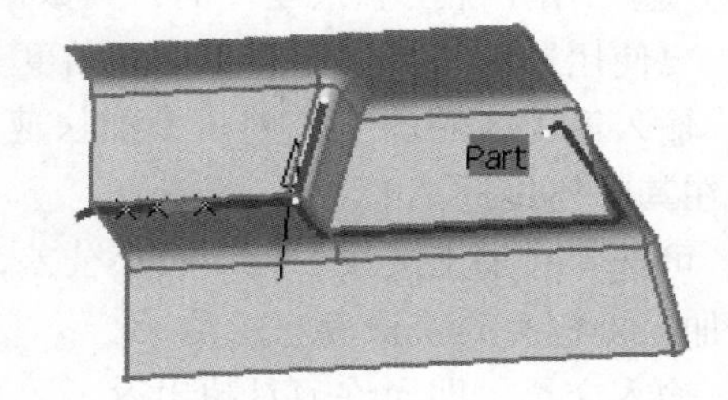

图 4-12　选择元素

3. 分配操作

可以在“操作”选项卡中将加工操作分配至返工区。

（1）将指针放在插入层框上，然后在“活动流程树”中定义插入加工操作。

1）当显示分配操作参数时，系统会更新框且红色箭头会消失。

2）现有加工操作中使用的所有刀具可通过刀具参考列表使用。

3）参考刀具应用于所有要创建的加工操作。

（2）选择一个想为其分配加工操作的子集并定义现在可用的分配操作下的加工操作参数。

（3）仍在分配操作下：

1）从分配列表中选择一个加工操作类型。

2）设置步距值。

3）单击“刀具图标”以定义其轴。

相应地更新子集/操作列表要返回至自动跨度，单击“自动”。值将被标签自动替换。

① 为了缩短计算时间，在铅笔操作中使用在返工区域中定义的刀具大小。还可以在铅笔操作中使用较大刀具。

② 如果选择使用小于返工区域中定义的刀具，只需将返工区域视为一组限制轮廓并使用轮廓驱动操作。

③ 如果在铅笔操作中使用较小刀具，将无任何刀具路径为返工区域生成。

4. 移除返工区域

可以从“制造视图”移除返工区域。使用“移除结果上下文”菜单以从“制造视图”移除返工区特征。

4.2.4　创建偏移组

1. 创建偏移组的方法

（1）在操作栏的曲面加工部分中，单击“扫掠” ，将扫掠应用于整个零件。单击“取消”按钮退出操作。

当进入对话框时未出现任何偏移组。

（2）单击“偏移”组 。

1）在显示的对话框中，将组的名称更改为“组 1”。

2）单击敏感图标上的红色区域并使用面向导选择工作区域中的面。

（3）为刚刚创建的区域输入 10mm 的局部偏移，单击“应用”。

（4）在未选择任何零件或面的情况下，输入 5mm 的全局偏移，单击“确定”。在“制造视图”中可以查看已创建的偏移组。

（5）返回至扫掠操作。自动提供刚刚创建的偏移组。

单击“刀具路径重放”以检查加工操作的有效性。

（6）减小刀轨之间最大距离并单击“刀具路径重放”。

可以看到应用于偏移区域 1 的偏移不同于应用于剩余零件的偏移，如图 4-13 所示。

2. 编辑偏移组方法

可以通过在“编辑”选项卡中选择名称更改颜色、偏移或偏移区域内容。

当创建偏移区域时，系统会根据偏移值给出名称。如果修改偏移值，偏移区域名称不会随之更新。

（1）双击制造视图中的“偏移组”，“偏移组”对话框会打开。

（2）选择“编辑”选项卡中的偏移区域 10。

1）将颜色更改为蓝色。

2）将局部偏移更改为 20。

3）单击“确定”。

（3）返回至制造视图并双击已经计算的扫掠操作。一旦显示操作之后的刀具路径预览（具体轨迹和偏移等效果），双击“刀具路径重放”。与以上结果进行比较。

图 4-13　偏移组

3. 删除偏移组方法

在“移除”选项卡中选择要移除的偏移组（如偏移区域 10），单击“确定”关闭对话框。

4.3　选择几何图形

本节介绍了如何在“加工操作”对话框中使用敏感图标选择所需几何图形和处理无效面。有可用的菜单，对话框的设置可能因所使用的应用程序不同而有所不同。

1）当使用面边界来定义限定轮廓时，如果面没有完全连接，将只选择第一个面。

2）在“面选择”向导中，“多边形选择框”选项并非始终选择多边形内所有的面，有时会选择额外的面，例如它通过曲面从模型的另一侧选择面。

3）使用多边形或轮廓在刀具路径上选择复杂区域时，偶尔会选中边界之外的区域而不是边界之内的区域。

4）使用多边形在刀具路径上选择区域时，多边形的显示在确认之前可能不稳定，尤其是多边形自相交的区域周围。

5）在“刀具路径重放”中，将忽略选定为零件或检查几何图形的无限几何图形。

6）第一个点的距离为外部边角定义了边角和第一个探测点之间的距离。对于内部边角，该边角和第一个探测点之间的距离是由该距离加上安全距离所定义。

4.3.1 选择使用敏感图标的几何图形

使用“加工操作”对话框中的敏感图标选择所需几何图形。

（1）对于任意产品或3D零件。

1）选择加工应用程序，然后选择“编程”部分。将使用“活动流程树”创建带有空制造单元的“PPR上下文”。

2）创建通用机器或从数据库中分配机器。机器分配到“制造单元”后，“活动流程树”中会创建一个“零件操作”和一个“制造计划”。

3）打开现有“加工流程”或“PPR上下文”。在默认情况下，“活动流程树”可用。

（2）单击任何一个“加工操作”图标并在“活动流程树”中选择一个“制造计划”或另一个“加工操作”。

1）对话框将在“几何图形”选项卡中打开。

2）此页面包括一个帮助指定要加工的几何图形的敏感图标。选项卡上的红色状态灯表示必须选择几何图形来创建操作。

3）每个加工操作都有自己的敏感图标。此外，如果正在使用返工区域或斜坡区域，图标会略有不同且参数更少，如图4-14和图4-15所示。

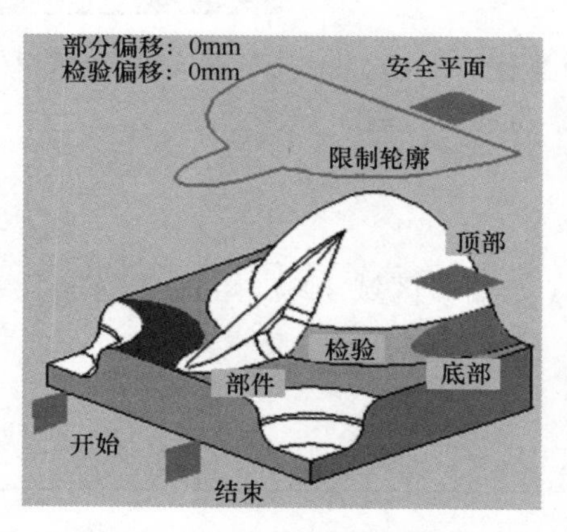

图4-14 用于扫掠的初始敏感图标

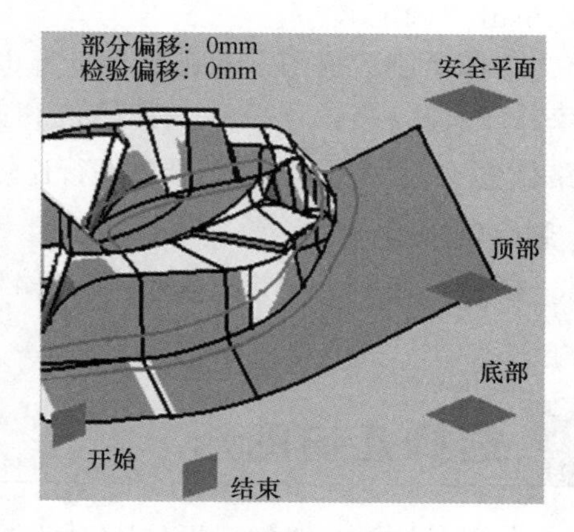

图4-15 返工区域的图标

4）如果正在编辑返工区域或坡度区域，系统会显示额外信息，指示所使用的子集类型。不能从一个子集移到另一个子集。

5）使用这些功能时，两曲线间和两平面间的轮廓绘制、挖槽、端面加工、沿曲线加工、4×挖槽、摆线和铣槽碰撞检查可用。选择碰撞检查，将显示该对话框。包括引导元素被激活。选择“选项包括零件操作”中的零件来激活“NC宏动作”的碰撞检查。计算刀具路径时，通过NC宏动作考虑零件操作中零件的碰撞检查。对于零件操作中很大零件的操作，如果从对话框中的图片中选择用于碰撞检查的特定面，将使计算更加迅速，以免对零件操作中的整个零件进行不必要的计算。通过选择“第二个复选框”只包括“已选定面”可用此功能。选择后，单击敏感区域将激活该对话框中的图片，可以在3D视图中选择面（“面选择”选项卡将与刀具托盘一起显示。从第3个窗口的对象上选择“面”，完成后单击“确定”），右击可允许删除或分析选定的面。如果发现碰撞，则系统会添加“轴退刀”以避免碰撞。当挖槽、平面铣削或4×挖槽操作时，碰撞检查面板只包括零件操作中的零件和已选定的面。

（3）单击“信息”获得在返工区域定义的详细参数信息。

（4）选择某个几何图形。只有要加工的零件为必选，其他可选（非必选）几何组件为：

1）检查元素。

2）安全基准面。

3）上视基准面。

4）下视基准面。

5）起始平面。

6）结束平面。

7）内点。

8）限制轮廓。

9）零件上的偏移（双击“零件上的偏移”：0mm）。

10）检查元素上的偏移（双击“检查上的偏移”：0mm）。图标的相应部分从红色变为绿色。

状态颜色含义如下：

① 绿色：已定义全部所需数据。

② 橙色：数据已定义，但可能需要对其进行修改。

③ 红色：需要数据定义。

④ 在“Me” >“首选项”>“常规”>“颜色和突出显示”中定义赋值参数、可选参数、所需参数的颜色。

（5）选择要加工的零件。

1）单击零件定义区域：

① 对话框缩小，可以选择一个或多个几何体。

② 双击工作区域中的任意位置，以返回对话框。

2）使用零件定义区域的“上下文”菜单：

① 选择面，可以通过“面选择”选项卡选择几何体的面。

② 选择区域。

③ 在PO级上设计（接受几何体作为零件的操作可用），如果想使用“零件操作”级定义的零件。

（6）选择另一个几何图形：

1）单击“面定义区域”并使用“面选择”选项卡。

2）单击“轮廓定义区域”并使用“边线选择”选项卡。

3）右击“元素定义区域”：如果要加工整个零件而不仅仅是零件上的一个区域，则选择几何体，否则，选择区域。

4）在特征下拉窗口中，选择预定义的区域，如曲面特征 4。

① 定义几何图形时，可以使用偏移组和特征。

② 默认选择类型（通过单击敏感目标即可）调整为其他的元素类型（例如，要加工的零件为几何体，而检查元素为面）。

③“上下文”菜单也因要选择的元素类型的不同而有所不同。

5）在工作区域选择一个点或平面来定义平面。

6）使用每个平面上方的“上下文”菜单设置所有平面的偏移。偏移可以为正也可以为负，并在验证前在工作区域中预览。

对于已设置的平面，此偏移值应用于所有已设置的平面。“刀具”经过所有偏移定义的平面，不经过已设置的平面。此做法的优势在于，如果“上视曲面”为平面，并且已定义了零件偏移（例如 1mm 的偏移），可以在已设置的平面上定义相同的偏移，确保在上视曲面上不存在剩余材料。

（7）单独或一起使用零件自动限制和限制轮廓来定义要加工的区域。

1）蓝色轮廓线为零件边线。

2）黄色部分为要加工的区域。

3）黑色的线为限制轮廓。

① 如果激活零件自动限制，则系统会加工黄色区域（见图 4-16），并且刀具接触点会在零件的边线上停止（刀具不会超过零件的边线）。

② 如果选择限制轮廓，只加工限制轮廓内的区域，如图 4-17 所示。

③ 如果选择外侧作为要加工侧，则加工限制轮廓外的区域，如图 4-18 所示。

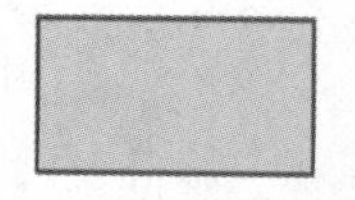

图 4-16　黄色区域

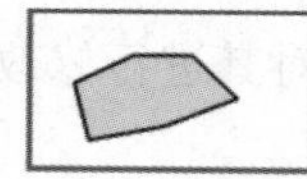

图 4-17　轮廓内的区域

图 4-18　轮廓外的区域

（8）定义限制轮廓后，也可以定义以下参数。

停止位置：指定刀具停止的位置，如图 4-19 所示。

外(将刀具停止在限制线外)

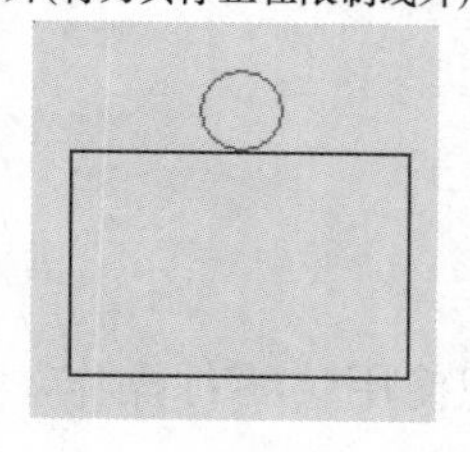

内(将刀具停止在限制线内)

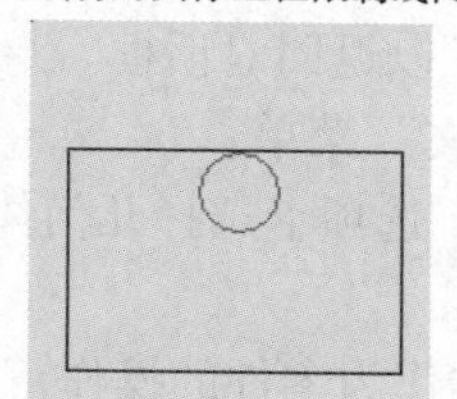

上(将刀具停止在限制线上)

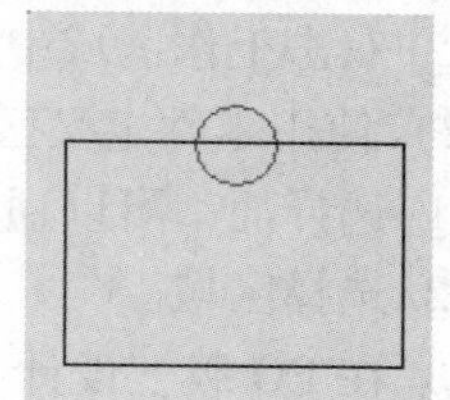

图 4-19　刀具停止位置

偏移：从上次的位置开始（内、外和上），正偏移值增加要加工的区域，负偏移值减少要加工的区域，如图 4-20 所示。

现在也可以执行对零件的操作，储存刚才定义的操作或先定义加工方式、刀具数据、速度或宏数据选项卡中的其他参数。

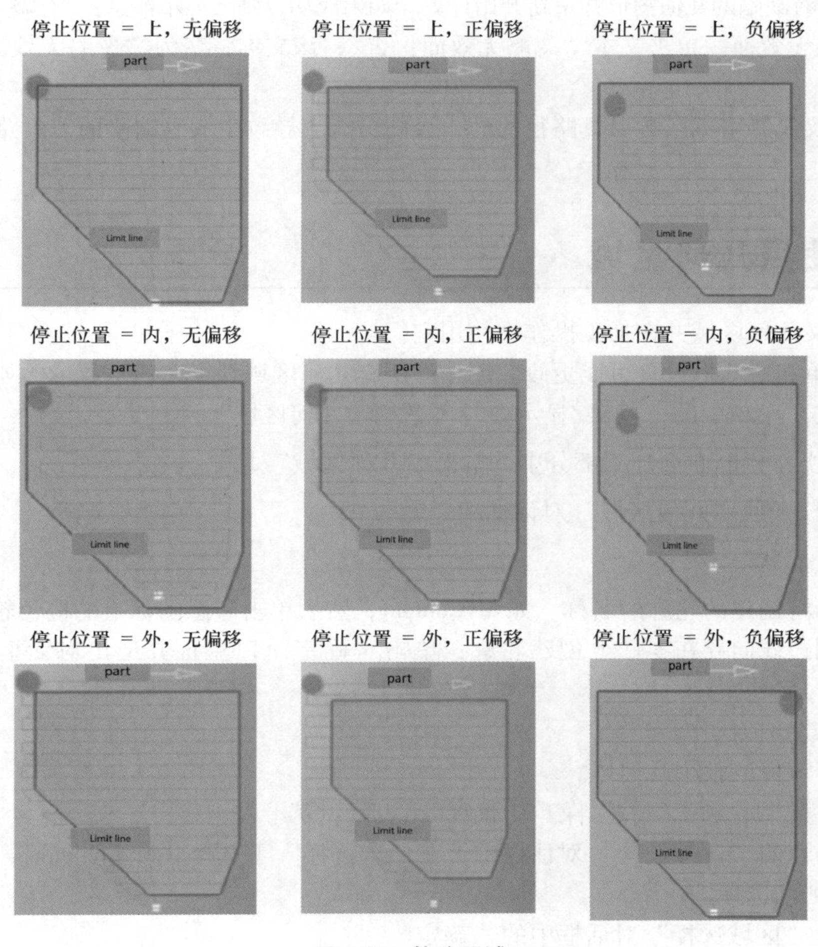

图 4-20　偏移区域

4.3.2　修复或忽略无效面

无效面会阻止计算刀具路径。可选择修复或忽略这些无效面。

开始之前，正进行操作的名称会显示在消息中。

如果由于无效面而无法计算刀具路径，则会出现此类明确的警告消息：要加工的零件或上下文的多个面无效。每个无效面都以红色突出显示，并有一个箭头指向无效面。

（1）如果已检测到无效面，则关闭主要对话框或选择“警告”标签的“上下文菜单”中的“移除”，如图 4-21 所示。

图 4-21　移除无效面

（2）单击“警告”框中的“确定”返回主要对话框。

“几何图形”选项卡中会显示消息：“忽略无效面：否”。

（3）为用户提供三种应对“无效面”的选择。具体步骤如下：

1）关闭对话框。当重新打开时，“忽略无效面：否”不再显示。

2）修复有缺陷的几何图形并重新开始计算。如果成功，则会显示消息：“忽略无效面：否”。

3）忽略无效面。单击文本“忽略无效面：否”，该文本将变为“忽略无效面：是”，并且计算继续。

我们建议仅忽略不影响刀具路径的面，否则可能会导致生成有缺陷的刀具路径，警告消息仍显示。

4.4 使用几何区域

可以定义几何区域并在加工操作中使用它们。

可用菜单和对话框设置可能更改。创建的所有几何区域都可在任意数量的加工操作中使用。“上下文”菜单中的“隐藏/显示项”不适用于几何区域。

（1）在操作栏的曲面加工部分中，单击“几何区域”。

（2）在打开的“几何区域”对话框中：

1）单击“线”。

2）输入将创建的轮廓的名称，如MyContour，然后单击敏感图标上的橙色轮廓。

3）使用边线向导在零件上创建轮廓：单击“确定”以验证并退出对话框，如图4-22所示。

（3）创建扫掠操作。

1）选择零件的整个几何体。

2）在“限制轮廓上下文”菜单中选择“选择区域”。

3）在出现的“区域选择”对话框中，在“未选择”下选择“MyContour”，然后单击箭头将其发送到已选择。

4）单击“区域选择”对话框中的“确定”。

（4）单击“刀具路径重放”。MyContour限制的几何图形区域已加工，如图4-23所示。

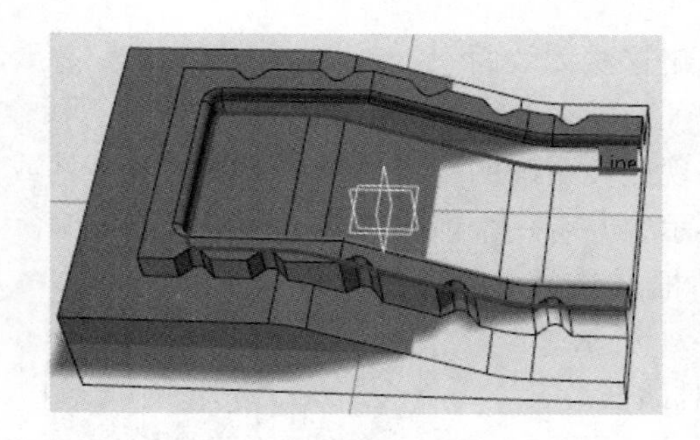

图4-22　创建轮廓

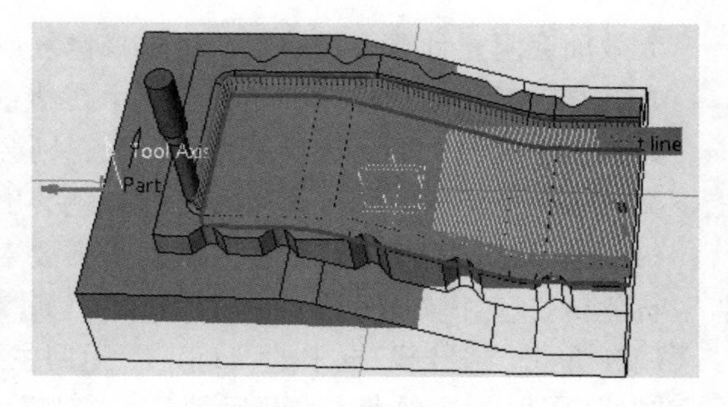

图4-23　几何图形区域

（5）还可以在“加工操作”对话框中定义几何区域：

1）在“几何图形”选项卡中，单击“检查”。

2）使用“边线向导”选择一个面。

3）在“几何图形”选项卡中，右击“检查”并在其“上下文”菜单中选择“导出”。

4）在打开的“导出”对话框中，为正在创建的平面输入名称，如MyPlane，并验证。

5）在“检查上下文”菜单中，选择“选择区域”，MyPlane已在“选定”的下面。

4.5 粗加工操作

4.5.1 创建粗加工操作

可以创建粗加工操作，例如，通过水平平面加工操作用于粗加工零件。

此操作适用于零件、检查和夹具的刀具路径计算规则，不适用于原坯料。不考虑几何体或开放几何体的子元素隐藏/显示状态。

（1）在操作栏的曲面加工部分中，单击“粗加工”。一个粗加工实体将添加至制造计划。对话框将在“几何图形”选项卡中打开。

（2）选择所需的几何图形。零件和原坯料几何图形为必选项，其他全部参数为可选项。

1）单击敏感图标中的红色零件区域并在该工作区域中选择零件。

2）在工作区域中双击任意位置以确认选择并重新显示对话框。

3）以相同的方式选择原坯料。

（3）选择“刀具”选项卡以选择刀具。

（4）单击“刀具路径重放”以检查加工操作的有效性。

1）系统将计算刀具路径。

2）系统将显示进度指示器。

3）在100%完成之前可以随时取消刀具路径计算。

（5）在“刀具路径重放”对话框中单击“确定”，然后在主对话框中再次单击“确定”以创建加工操作。此时将创建刀具轨迹。

4.5.2 创建扫掠粗加工操作

可以创建扫掠粗加工操作，例如，通过垂直平面加工操作粗加工零件。

（1）在操作栏的曲面加工部分中，单击“扫掠粗加工”。一个扫掠粗加工实体将添加至制造计划。对话框将在“几何图形”选项卡中打开。

（2）选择所需的几何图形，零件几何图形为强制，其他全部参数为可选项。

1）单击敏感图标中的红色区域并在该工作区域中选择零件。

2）在工作区域中双击任意位置以确认选择并重新显示对话框。

（3）选择“刀具”选项卡以选择刀具。

（4）单击“刀具路径重放”以检查加工操作的有效性。

1）系统将计算刀具路径。

2）系统将显示进度指示器。

3）在100%完成之前可以随时取消刀具路径计算。

（5）在“刀具路径重放”对话框中单击“确定”，然后在主对话框中再次单击“确定”以创建加工操作。此时将创建刀具轨迹。

4.5.3 排序区域

可以设置顺序，根据此顺序加工零件上的区域。区域是凹槽或外部零件。

仅可以排序扫掠区域。使用 Z 级类型路径加工区域且无法排序水平区域。必须具有零件，其具有在每个想选择的区域中定义的点或平面。

（1）在操作栏的曲面加工部分中，单击“粗加工”。

（2）在对话框中，单击红色敏感区域零件并选择要加工的整个零件。

（3）在对话框中，单击“区域顺序”并通过单击在每个区域的点选择要加工的区域，如图 4-24 所示。

图 4-24　区域顺序

注意：当选择面时，会出现标注（蓝色标签，名称区域后接其顺序）。如果此标注不在要加工的凹槽中，必须在此凹槽上创建点并根据以上解释选择此点。

（4）选择“刀具”选项卡以选择刀具。

（5）单击“刀具路径重放”以检查加工操作的有效性。按照选定的顺序加工区域。

（6）在“区域顺序上下文”菜单中激活“仅加工有序区域”选项。

（7）单击“刀具路径重放”以检查加工操作的有效性。仅加工排序的区域且按照选择的顺序进行操作。

4.6 精加工和半精加工操作

4.6.1 创建扫掠操作

可以创建扫掠操作。

（1）在操作栏的“曲面加工”部分中，单击“扫掠”。一个扫掠实体将添加至制造计划。对话框将在“几何图形”选项卡中打开。

（2）在“几何图形”选项卡中：

1）单击敏感图标中的红色区域并在该工作区域中选择零件。

2）在工作区域中双击任意位置以确认选择并重新显示对话框。

（3）在“半径”选项卡中设置所需的刀路间的最大距离。

（4）选择“刀具”选项卡以选择刀具。

（5）单击“刀具路径重放” 以检查加工操作的有效性。

1）系统将计算刀具路径。

2）系统将显示进度指示器。

3）在 100%完成之前可以随时取消刀具路径计算。

（6）在“刀具路径重放”对话框中单击“确定”，然后在主对话框中再次单击“确定”以创建加工操作。此时将创建刀具轨迹。

4.6.2　创建 4 轴曲线扫掠操作

4 轴曲线扫掠适用于样式零件。

（1）从操作栏的曲面加工部分中，单击“4 轴曲线扫掠” 。4 轴曲线扫掠实体添加至制造计划。“4 轴曲线扫掠”对话框在“几何图形” 选项卡中打开。

（2）在“几何图形”选项卡中：

1）单击代表待加工零件的红色区域，对话框将会消失。

2）选择零件。

3）在工作区域中双击任意位置，以便验证选择并返回对话框。

红色区域将变为绿色。

（3）选择“加工策略” 选项卡。

1）单击敏感图标上的引导线。对话框将会消失。

2）选择以红色显示的曲线，如图 4-25 所示。

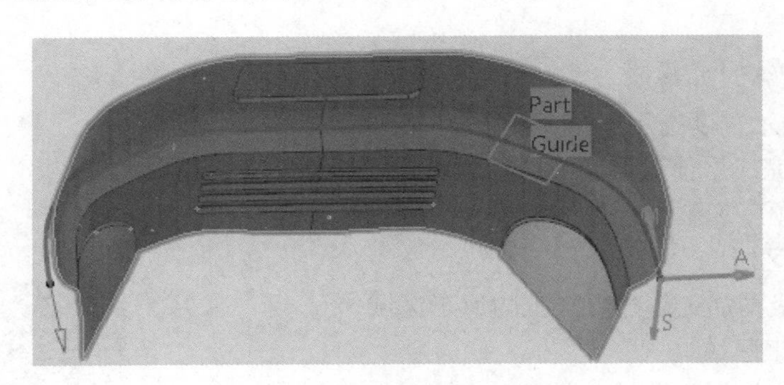

图 4-25　红色显示的曲线

3）在工作区域中双击任意位置，以便验证选择并返回对话框。

4）红色线已变成绿色。

（4）选择“刀具” 选项卡以选择刀具。

（5）单击“刀具路径重放” 以检查加工操作的有效性。

1）系统将计算刀具路径。

2）系统将显示进度指示器。

3）在 100%完成之前可以随时取消刀具路径计算。

（6）在“刀具路径重放”对话框中单击“确定”，然后在主对话框中再次单击“确定”以创建加工操作。此时将创建刀具轨迹。

4.6.3 创建高级精加工操作

可以一次创建高级精加工操作，例如，专门用于加工槽型插头的加工操作：垂直区域使用Z级刀路加工，而水平区域同时使用轮廓驱动刀路加工。

1. 加工完整零件

可以直接加工完整零件。

（1）在操作栏的曲面加工部分中，单击“高级精加工”。一个高级精加工实体将添加至“制造计划”。“高级精加工”对话框在“几何图形”选项卡中打开。

（2）在“几何图形”选项卡中：

1）单击代表待加工零件的红色区域，对话框将会消失。

2）选择零件。

3）在工作区域中双击任意位置，以便验证选择并返回对话框。

4）红色区域将变为绿色。

（3）单击“限制轮廓”并选择限制轮廓，如图4-26所示。

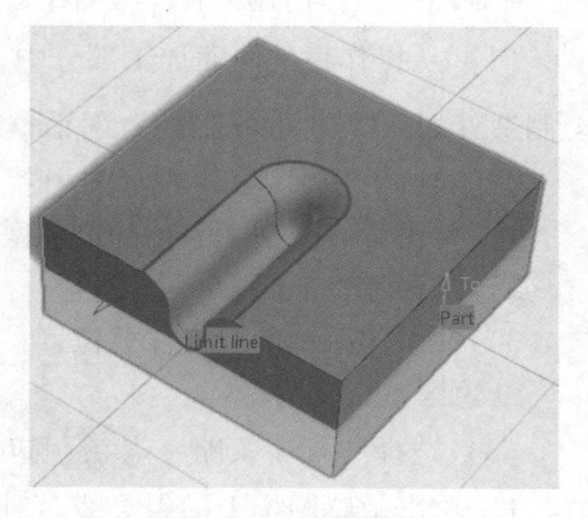

图 4-26 限制轮廓

（4）选择“刀具”选项卡以选择刀具。

（5）单击“刀具路径重放”以检查加工操作的有效性。

1）系统将计算刀具路径。

2）系统将显示进度指示器。

3）在100%完成之前可以随时取消刀具路径计算。

通常以相同顺序加工：首先加工垂直区域，然后加工水平区域。

2. 加工返工区域

可以使用高级精加工创建要加工的返工区域。

（1）创建返工区域。

可以查看蓝色的水平区域，如图4-27所示，其中带有垂直区域。

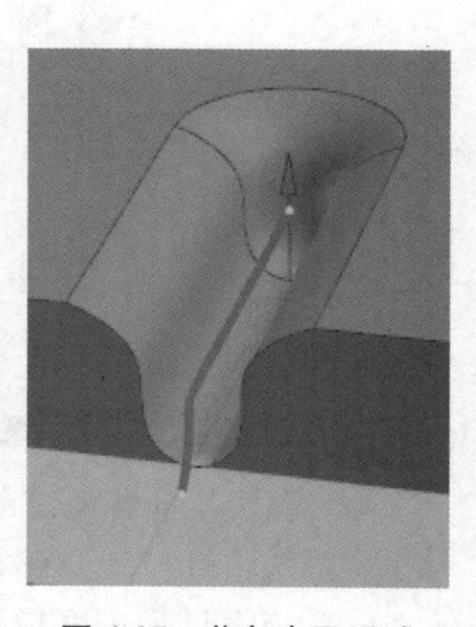

图 4-27 蓝色水平区域

（2）仍在“返工区域”对话框中，选择“操作”选项卡并将高级精加工操作分配至水平区域。

（3）在操作栏的曲面加工部分中，单击“高级精加工”，系统将显示“高级精加工”对话框。

（4）在“几何图形”选项卡中，选择已创建为特征的返工区域。

（5）选择“加工策略”选项卡。

1）设置加工参数：加工公差设置为0.1mm。

2）切割模式设置为顺铣。

3）设置区域参数，例如：

① 刀轨之间水平斜度设置为 45°。

② 垂直区域中刀路间的距离设置为 5mm。

③ 水平区域中刀路间的距离设置为 2mm。

（6）选择“刀具”选项卡以选择刀具。

（7）单击“刀具路径重放”以检查加工操作的有效性。在“刀具路径重放”对话框中单击“确定”，然后在主对话框中再次单击“确定”以创建加工操作。系统将计算刀具路径。

4.6.4　创建螺线铣削操作

可以创建螺线铣削操作，例如，加工操作在未使用特别小的刀具情况下提供良好曲面。它会为相对平的区域提供最佳结果。使用这种类型的加工操作通过减少步距优化加工时间。

（1）在操作栏的曲面加工部分中，单击“螺旋铣削”。一个螺线铣削实体将添加至制造计划。“螺旋铣削”对话框在“几何图形”选项卡中打开。

（2）在“几何图形”选项卡中：

1）单击敏感图标中的红色区域并在该工作区域中选择零件，面必须彼此连接。

2）在工作区域中双击任意位置以确认选择并重新显示对话框。

（3）选择“加工方式”选项卡并确保水平区域选择设置为自动。

（4）选择“刀具”选项卡以选择刀具。

（5）单击“刀具路径重放”以检查加工操作的有效性。

1）系统将计算刀具路径。

2）系统将显示进度指示器。

3）在 100%完成之前可以随时取消刀具路径计算。

（6）在“刀具路径重放”对话框中单击“确定”，然后在主对话框中再次单击“确定”以创建加工操作。此时将创建刀具轨迹。

4.7　返工操作

4.7.1　创建铅笔操作

可以创建铅笔操作，例如，加工操作在周期内刀具仍是要加工曲面的两个位置上的切线。通常用于沿两曲面相交处移除上次加工操作遗留的牙顶。

（1）在操作栏的曲面加工部分中，单击“铅笔”。一个铅笔实体将添加至制造计划。“铅笔”对话框在“几何图形”选项卡中打开。

（2）在“几何图形”选项卡中：

1）单击敏感图标中的红色区域并在该工作区域中选择零件。

2）在工作区域中双击任意位置以确认选择并重新显示对话框。

（3）选择“刀具”选项卡以选择刀具。

（4）单击“刀具路径重放”以检查加工操作的有效性。

1）系统将计算刀具路径。

2）系统将显示进度指示器。

3）在100%完成之前可以随时取消刀具路径计算。

（5）在“刀具路径重放”对话框中单击“确定”，然后在主对话框中再次单击“确定”以创建加工操作，此时将创建刀具轨迹。

4.7.2 创建粗轧返工操作

在开始制造计划定义之前在零件操作中定义的原坯料将用于所有连续加工操作，每个加工操作均会处理剩下的残余材料。

在实施制造计划时，必须首先计算此加工操作之前的至少一个加工操作。必须以拓扑方式关闭用于制造计划的原坯料（插入返工操作的地方），也就是说它无法由一组面形成。

（1）使用“上下文”菜单隐藏原坯料。

（2）完全展开制造计划。选择已经计算的粗轧操作。

（3）在操作栏的曲面加工部分中，单击“粗加工”。粗轧实体会添加至程序。对话框将在“几何图形”选项卡中打开。

（4）在“几何图形”选项卡中：

1）单击敏感图标中的红色区域并在该工作区域中选择零件。

2）在工作区域中双击任意位置以确认选择并重新显示对话框。

（5）选择“刀具”选项卡以选择刀具。根据需求，在显示的对话框中设置直径。

（6）单击“刀具路径重放”以检查加工操作的有效性。

1）系统将计算刀具路径。

2）系统将显示进度指示器。

3）在100%完成之前可以随时取消刀具路径计算。

（7）在“刀具路径重放”对话框中单击“确定”，然后在主对话框中再次单击“确定”以创建加工操作。此时将创建刀具轨迹。

4.8 创建等参数加工操作

4.8.1 使用4轴导角/延迟时间创建等参数操作

可以使用4轴导角/延迟时间创建等参数加工操作。

（1）在操作栏的曲面加工部分中，单击“等参数加工”。一个等参数加工实体将添加至制造计划。“等参数加工”对话框在“几何图形”选项卡中打开。

（2）在“几何图形”选项卡中，定义几何图形：

1）单击图标中的红色零件曲面，然后在工作区域中选择所需的曲面。此时将出现“面向导”工具栏，帮助选择面或面带。这些可以是相邻的或非相邻的。

2）单击图标上的红色点，然后选择曲面的 4 个圆角点，如图 4-28 所示。加工从点 1 至点 2 开始并从点 3 至点 4 或点 4 至点 3 结束（取决于单向或锯齿线刀具路径样式）。

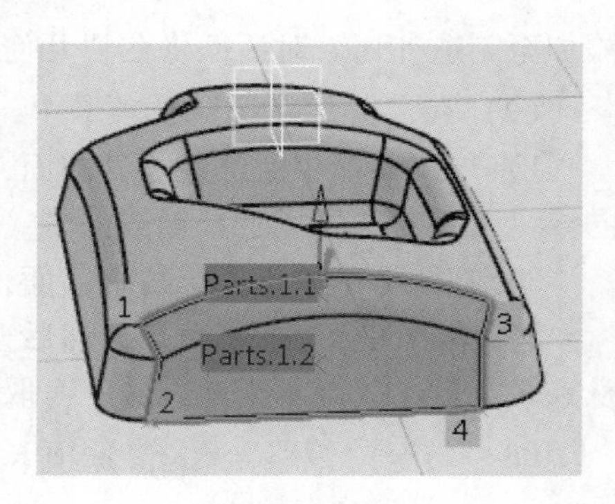

图 4-28　圆角点

（3）转至“策略”选项卡以指定以下参数：

1）加工，例如：

① 刀具路径形式：双向切削。

② 加工公差：0. 01mm。

③ 最大离散角：180°。

2）径向，例如：

① 步距：残料高度。

② 残料高度：0. 1mm。

③ 跳转路径：无。

④ 起点延伸：0mm。

⑤ 端部延伸：0mm。

3）刀轴，例如：

① 刀轴模式：4 轴导程/延迟。

② 导角：0°。

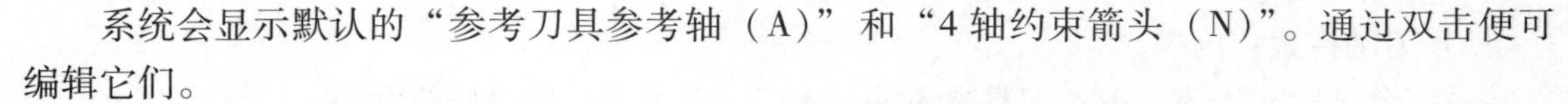

系统会显示默认的“参考刀具参考轴（A）”和“4 轴约束箭头（N）”。通过双击便可编辑它们。

（4）单击“4 轴约束箭头（N）”。它与刀轴受到约束的平面垂直。在出现的对话框中，根据需要修改默认方向。

（5）在对话框中单击“预览”，以便验证已指定的参数。出现的消息框将提供关于此验证的反馈。

（6）选择“刀具”选项卡选择刀具。

（7）选择“进给和速度”选项卡以指定用于加工操作的进给速度和主轴速度。

（8）选择“宏”选项卡以指定加工操作转换路径（例如进刀和退刀动作）。

（9）单击“刀具路径重放”以检查加工操作的有效性。

1）系统将计算刀具路径。

2）系统将显示进度指示器。

3）在 100%完成之前可以随时取消刀具路径计算。

（10）在“刀具路径重放”对话框中单击“确定”，然后在主对话框中再次单击“确定”以创建加工操作。此时将创建刀具轨迹。

4.8.2 使用内插创建等参数加工操作

可以使用内插创建等参数加工操作。

（1）在操作栏的曲面加工部分中，单击“等参数加工” 。一个等参数加工实体将添加至制造计划。对话框将在“几何图形” 选项卡中打开。

（2）在“几何图形”选项卡中，定义几何图形。

1）单击图标中的红色零件曲面，然后在工作区域中选择所需的曲面。此时将出现“面向导”工具栏，帮助选择面或面带。这些可以是相邻的或非相邻的。

2）在图标中单击橙色检查曲面，然后在工作区域中选择所需的曲面。

3）单击图标上的红色点，然后选择选定曲面的 4 个圆角点。加工从点 1 至点 2 开始并从点 3 至点 4 或点 4 至点 3 结束（取决于单向或锯齿线刀具路径样式）。

（3）转至“策略” 选项卡以指定以下参数：

1）加工，例如：

① 刀具路径形式：双向切削。

② 加工公差：0.01mm。

③ 最大离散角：180°。

2）径向，例如：

① 步距：残料高度。

② 残料高度：0.1mm。

③ 跳转路径：无。

④ 起点延伸：0mm。

⑤ 端部延伸：0mm。

3）刀轴模式：内插。

系统会显示默认的“参考刀具参考轴（A）”。双击这些轴以修改它们。

（4）在某些情况下，如加工涡轮叶片，需要避免碰撞并具有完美的刀具轨迹流动性。要实现此操作，可以定义要加工零件上的其他内插轴。

1）在“上下文敏感”图标中单击其中一个红色内插轴。内插轴（I）出现在要加工曲面的每个圆角处。此时将显示“内插轴”对话框。所有内插向量均会列出，并带有位置、方向和状态。

2）单击 以添加内插向量。此时将出现“内插轴”对话框。

3）在工作区域中进行挑选，以提示此新内插向量的位置。此时将出现其轴定义对话框。

4）完成之后，在对话框中单击“确定”。

5）在对话框中选定一个向量，其突出显示在工作区域中。

6）单击 以移除在对话框中选定的内插向量。

7）单击 以编辑在对话框中选定的内插向量，此时将显示轴定义对话框。

当选择角度选项时，默认情况下列表会提供内插轴专用的项：导角（角度 1）和倾斜度

（角度 2）。在下方的角度 1 和角度 2 字段中键入导角和倾斜度的数值。

8）选择“显示刀具”复选框，以便在其真实位置显示刀具，如图 4-29 所示。

① 圆 1 显示已计算刀具端点。

② 圆 2 和红色箭头显示刀具接触点和轴的位置。

一旦选定了显示刀具，检查干涉就会变得可用。

如果加工操作参数不一致，检查干涉将不会变得可用。如果选择不属于选定面的点，点会投影到最近的选择面上。

9）单击“检查干涉”以开始检查刀具路径与零件之间可能存在的干涉。

① 它们将在整个刀具总成与零件（如果有）之间检查。

② 如果未找到干涉，左侧的指示灯将变为绿色。

③ 如果找到干涉，则会变为红色。如果刀具与碰撞曲面发生相交，则会变为红色，如图 4-30 所示。

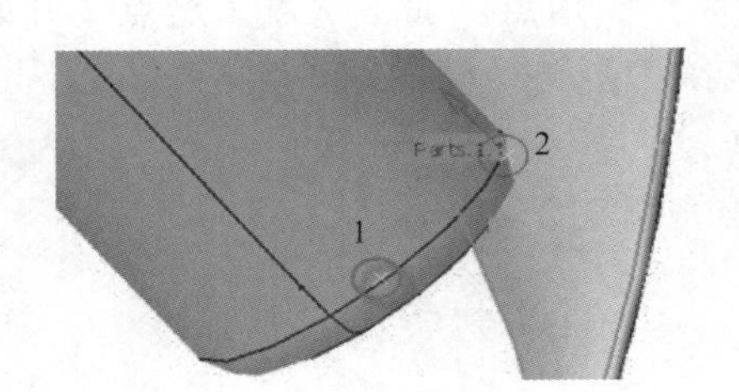

图 4-29　位置示意

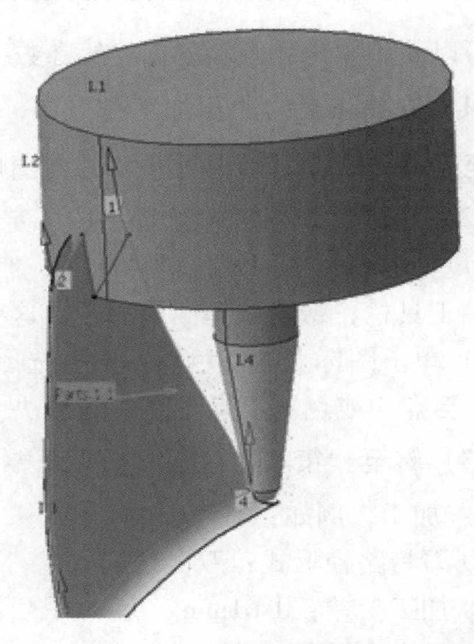

图 4-30　刀具与碰撞曲面发生相交

（5）在对话框中单击“预览”，以便验证已指定的参数。出现的消息框将提供关于此验证的反馈。

（6）转至“刀具”选项卡选择刀具。

（7）转至“进给和速度”选项卡以指定用于加工操作的进给速度和主轴速度。

（8）转至“宏”选项卡以指定加工操作转换路径（如进刀和退刀动作）。

（9）单击“刀具路径重放”以检查加工操作的有效性。

1）系统将计算刀具路径。

2）系统将显示进度指示器。

3）在 100%完成之前可以随时取消刀具路径计算。

4）无其他内插轴情况如图 4-31 所示，有其他内插轴情况如图 4-32 所示。

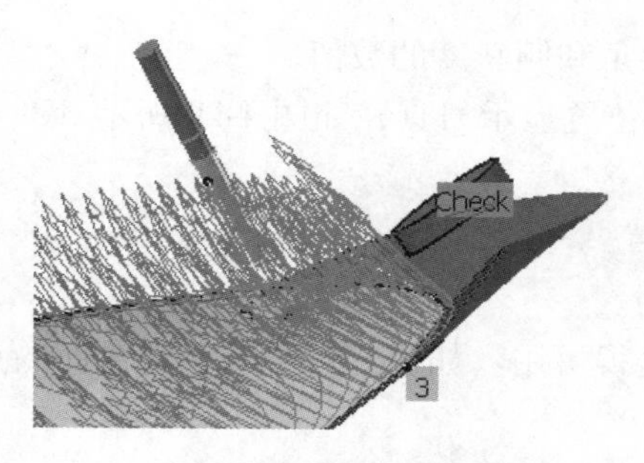

图 4-31　无其他内插轴情况

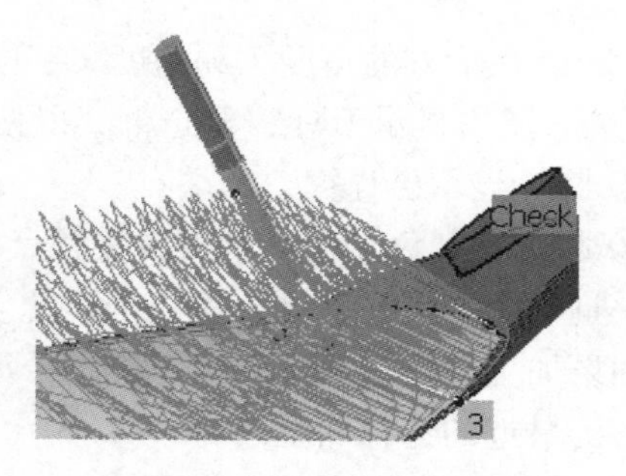

图 4-32　有其他内插轴情况

（10）在“刀具路径重放”对话框中单击“确定”，然后在主对话框中再次单击“确定”以创建加工操作。此时将创建刀具轨迹。

4.8.3　使用导角和倾斜度创建等参数操作

可以使用导角和倾斜度创建等参数操作。

（1）在操作栏的曲面加工部分中，单击等“参数加工”。一个等参数加工实体将添加至制造计划。对话框将在“几何图形”选项卡中打开。

（2）在“几何图形”选项卡中，定义几何图形。

1）单击图标中的红色零件曲面，然后在工作区域中选择所需的曲面。此时将出现“面向导”工具栏，帮助选择面或面带。这些可以是相邻的或非相邻的。

2）单击图标上的红色点，然后选择选定曲面的 4 个圆角点。加工从点 1 至点 2 开始并从点 3 至点 4 或点 4 至点 3 结束（取决于单向或锯齿线刀具路径样式）。

（3）转至“策略”选项卡以指定以下参数：

1）加工，例如：

① 刀具路径形式：双向切削。

② 加工公差：0. 01mm。

③ 最大离散角：180°。

2）径向，例如：

① 步距：残料高度。

② 残料高度：0. 1mm。

③ 跳转路径：无。

④ 起点延伸：0mm。

⑤ 端部延伸：0mm。

3）刀轴，例如：

① 刀轴模式：导程和倾斜。

② 导向：固定导程和倾斜。

③ 导角：0°。

④ 倾角：0°。

（4）在对话框中单击“预览”，以便验证已指定的参数。出现的消息框将提供关于此验证的反馈。

（5）转至“刀具”选项卡选择刀具。

（6）转至“进给和速度”选项卡以指定用于加工操作的进给速度和主轴速度。

（7）转至“宏”选项卡以指定加工操作转换路径（如进刀和退刀动作）。

（8）单击“刀具路径重放”以检查加工操作的有效性。

1）系统将计算刀具路径。

2）系统将显示进度指示器。

3）在 100%完成之前可以随时取消刀具路径计算。

（9）在“刀具路径重放”对话框中单击“确定”，然后在主对话框中再次单击“确定”以创建加工操作，此时将创建刀具轨迹。

4.9 综合实例

在这里，将导入 M4.5 虚拟仿真工作站模型，并使用其中的模型（如 M4.5 机床、刀具、夹具、制造产品……）重新搭建 M4.5 虚拟仿真工作站。

4.9.1 登录 3DEXPERIENCE 平台

（1）在桌面上双击“3DEXPERIENCE R2018x”。

（2）输入账号和密码。

（3）选择凭证。

4.9.2 导入模型数据

（1）在 3DEXPERIENCE 页面的右上角，选择“添加”>“导入”，如图 4-33 所示。

1）打开选择器浏览本地文件，并选择 M4.5 数据模型。

2）勾选“作为新项”，“复制字符串”设置为 A0（可以随意添加），然后单击“确定”。如果没有数据模型，先与管理员联系，后续的操作必须拥有数据模型。模型文件名：M4.5 A3.3dxml。

（2）右击要导入的文件，选择“打开”。

该文件是一个 M4.5 虚拟仿真工作站，可以播放以查看最终动作，如图 4-34 所示。接下来将利用这里面的模型搭建一个新的工作站。可以将其放在收藏夹中以便下次使用。

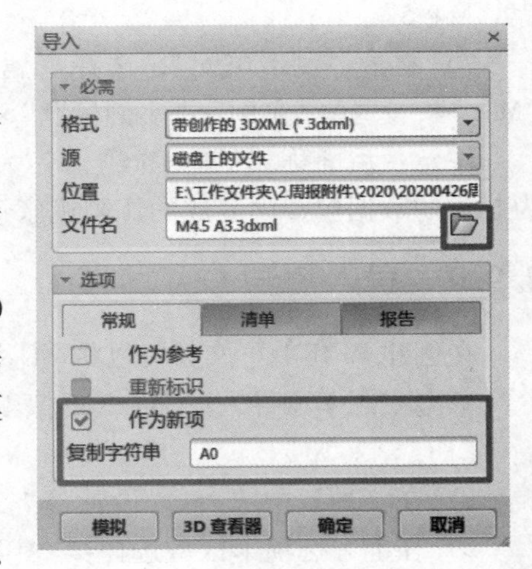

图 4-33　导入模型数据

4.9.3 创建 PPR 上下文

（1）单击“创建新选项卡”按钮，创建一个空白选项卡。

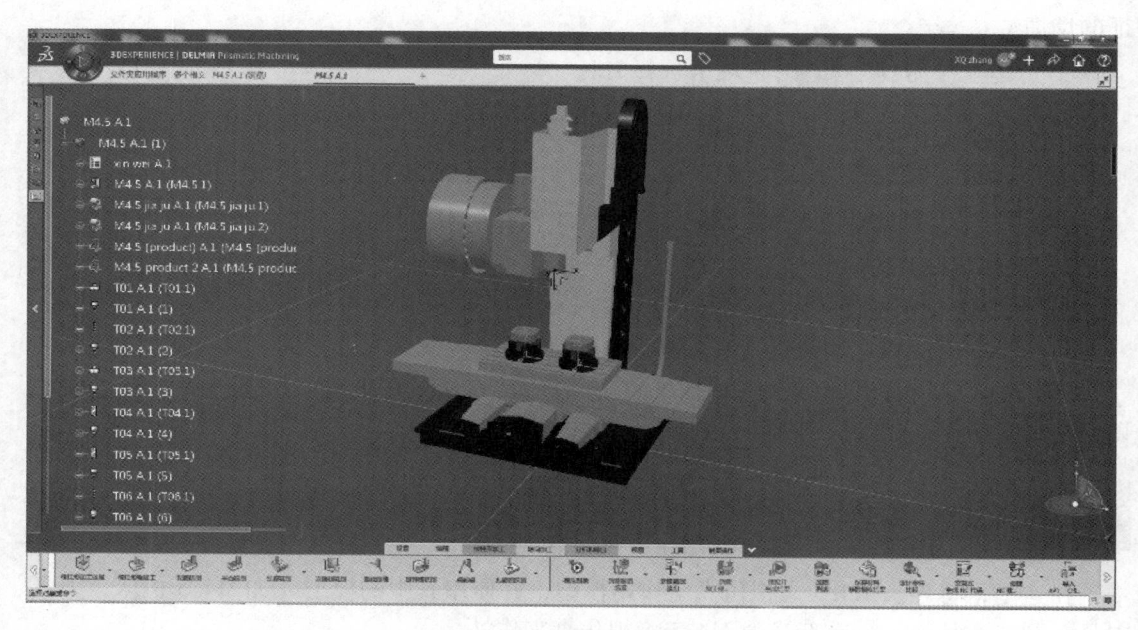

图 4-34　M4. 5 虚拟仿真工作站

（2）页面停留在空白选项卡，依次选择：“V. R”>“Prismatic Machining”，此时将进入铣床加工页面并在空白选项卡自动创建一个“PPR 上下文”。

（3）修改名称。

1）右击“PPR 上下文”选择“属性”>“参考”>“标题”，修改“PPR 上下文”的名称为“M4. 5”。

2）右击“制造单元”，选择“属性”>“参考”>“标题”，修改“制造单元”的名称为“M4. 5”，选择“实例”>“实例标题”>“修改实例标题为 1”。

注意：后面称“M4. 5 选项卡”为新建的“PPR 上下文”选项卡；“A0 M4. 5“选项卡为导入的数据包，已完成的沈阳机床 M4. 5 是虚拟仿真工作站所打开的选项卡。

4. 9. 4　导入资源

在创建 PPR 上下文后可以将 NC、制造产品、夹具、刀具等模型导入其中。

模型来源于刚导入的 M4. 5 虚拟工作站。

（1）导入 NC。

1）在工具条中选择：“设置”>“安装和导入资源”。

2）在上方选项卡区域选择：“A0M4. 5”选项卡，然后选择“机床 A0M4. 5”。此时机床将导入新建的 PPR 上下文中，并自动创建一个“加工程序”，如图 4-35 所示。

3）右击“加工程序”，选择“属性”。

4）在打开的“属性”窗口中选择：“参考”>“标题”，修改标题为：jia gong cheng xu，如图 4-36 所示。

（2）导入夹具。

1）在工作区域单击“导入附件” 按钮，如图 4-37 所示。

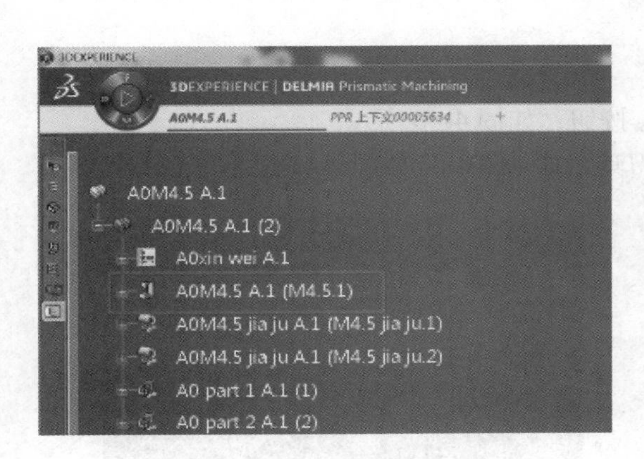

图 4-35　创建加工程序

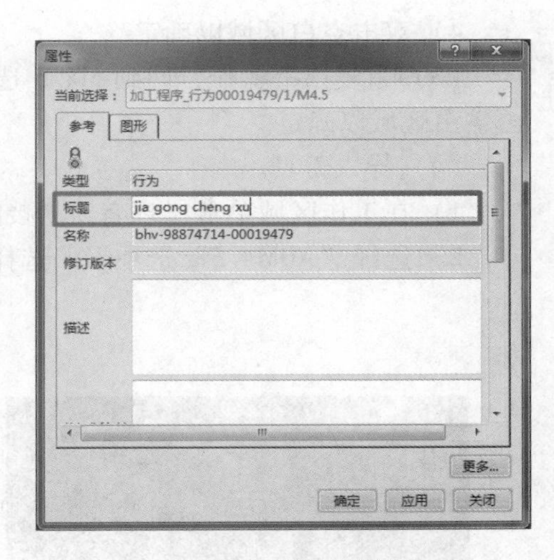

图 4-36　修改标题

2）选择“A0M4. 5”选项卡，选择需要的夹具：A0M4. 5 jia ju A1 （M4. 5 jia ju1），如图 4-38所示。

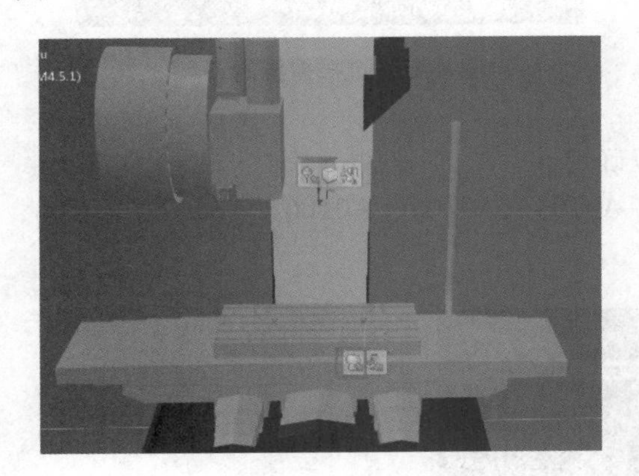

图 4-37　导入附件

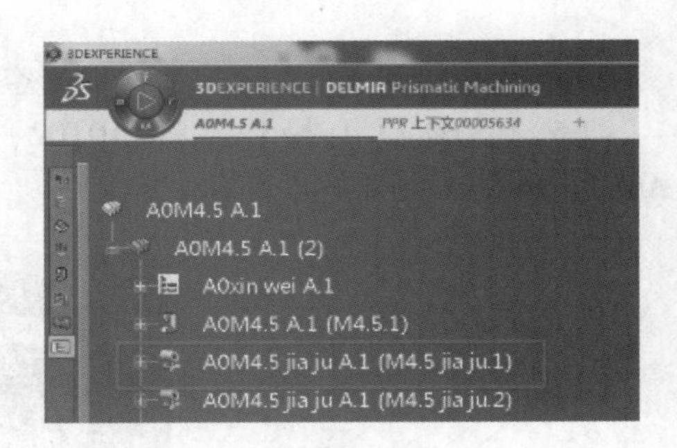

图 4-38　选择需要的夹具

3）回到 M4. 5 选项卡，选择安装夹具的位置（轴系）：Artifact 1，如图 4-39 所示。

图 4-39　选择安装夹具的位置

4）双击空白区域以确定。

（3）重复以上操作，回到 M4.5 选项卡，选择安装夹具的位置（轴系）：Artifact 2。双击空白区域以确定。

（4）导入刀具。

1）在工作区域单击“现有刀具装配体”按钮，如图 4-40 所示。

2）选择“A0M4.5”选项卡，选择需要的刀具，如 A0T01，如图 4-41 所示。

图 4-40　刀具装配体

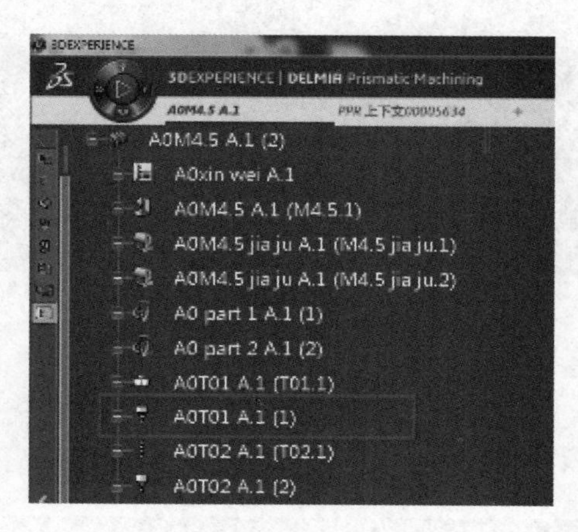

图 4-41　选择需要的刀具

3）自动回到 M4.5 选项卡，双击空白区域以确定。

（5）重复以上操作，将 A0T02、A0T03、A0T04、A0T05、A0T06、A0T07、A0T08、A0T11 导入，如图 4-42 所示。

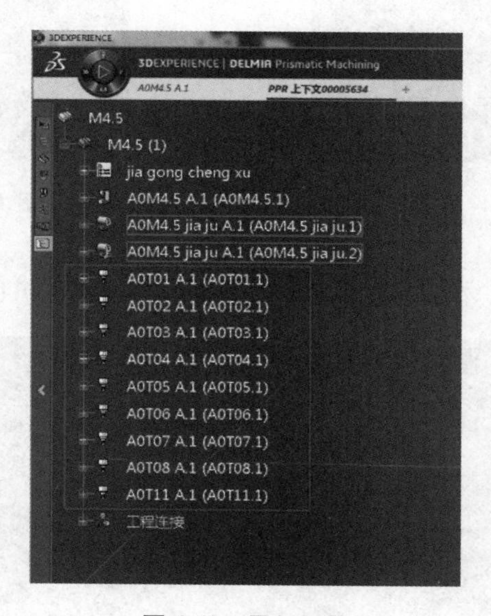

图 4-42　导入刀具

（6）导入制造产品 A0part1。此处将导入两个制造产品，加工一个时，将另一个隐藏，在工作区域选择导入制造产品。

1）选择“A0M4. 5”选项卡，选择需要的制造产品：A0part 1，如图 4-43 所示。

2）回到“M4. 5”选项卡，选择安装夹具的位置（轴系）：gong jian（左边那个）。

因为两个夹具是同一个产品的不同实例，所以其产品安装接口的名称是一致的。为避免混乱在其后添加备注，如：gong jian（左边那个），如图 4-44 所示。

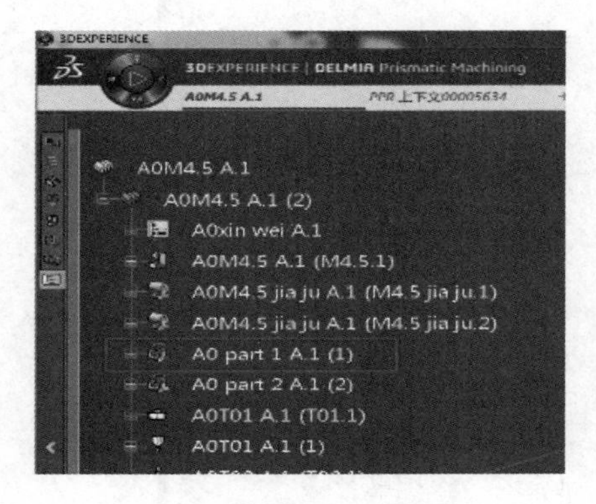

图 4-43　选择需要的制造产品

图 4-44　添加备注

（7）导入制造产品 A0part2，此处将导入两个制造产品，加工（演示）一个时，将另一个隐藏。

1）在工作区域选择导入制造产品。

2）选择“A0M4. 5”选项卡，选择需要的制造产品：A0part 2。

3）回到“M4. 5”选项卡，选择安装夹具的位置（轴系）：gong jian。

4. 9. 5　定义零件操作 1

此时，工具、夹具、制造产品均已安装到位。接下来将定义首选项设置，设计零件与坯料、加工轴系。

（1）设置首选项，选择“ME”>“首选项”。

（2）在弹出的首选项窗口选择“加工”；左下角选择“将参数重置为默认值”。

（3）在弹出的重置窗口中，选择“选定的解及其关联的应用程序”，单击“确定”。

（4）选择“首选项”>“加工”>“Simulation”>“在机床仿真期间显示刀具路径”，如图 4-45所示。单击“确定”以保存，如果没有明确的需求，默认设置能完成绝大部分操作，特别是对于新手而言。

（5）在“PPR 上下文”中将“A0part 1”显示，“A0part 2”隐藏。

（6）在“活动流程上下文”中双击“零件操作 . 1”，进入“零件操作 . 1”窗口。

1）选择“删除”来移除多余的设置。

2）选择“移除所有与设置装配体相关的几何图形”。

3）选择“设置装配体”。

4）选择“A0part. 1”作为设置装配体。

5）在“零件操作”窗口选择“原坯料”。

6）在工作区域选择“坯料”（高亮），双击空白区域以确定。

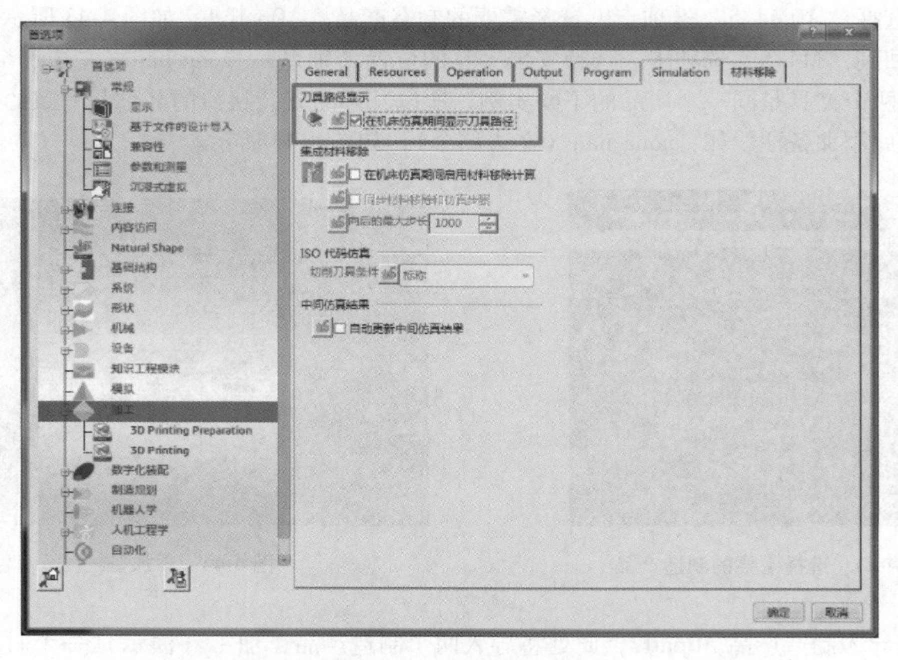

图 4-45　显示刀具路径

7）在零件操作窗口选择“设计零件”，在下方工具条中选择“隐藏/显示坯料”，将坯料隐藏，避免误选，如图 4-46 所示。

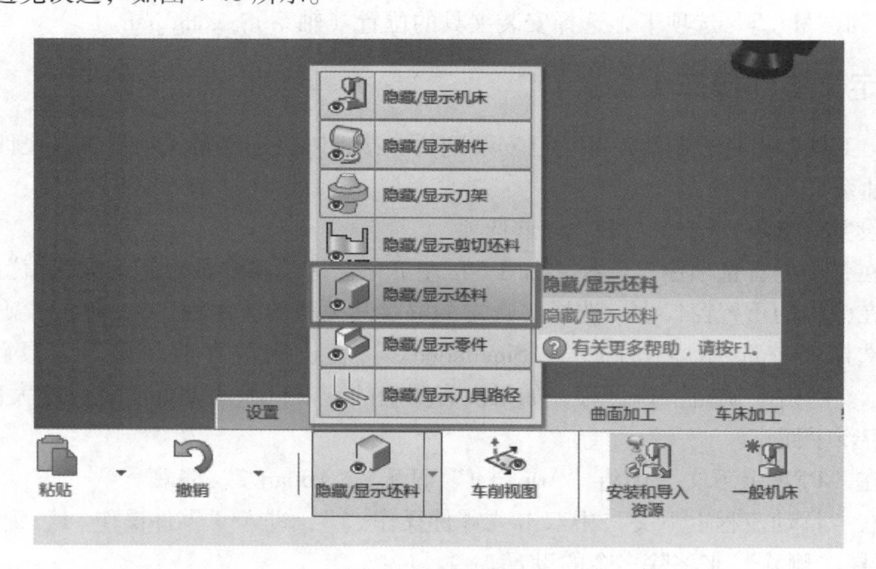

图 4-46　隐藏/显示坯料

8）在工作区域看见坯料隐藏后，选择设计零件，双击空白区域以确定。

9）在“零件操作”窗口选择“默认参考加工轴系”，如图 4-47 所示。

10）在弹出的对话框中修改轴名，单击轴系进行定义。

11）在“PPR 上下文”中选择：“A0M4. 5”>“A0Y”>“轴系”>“工件 1”，如图 4-48 所

示单击“确定”完成设置，此时一个零件操作定义便完成了，但仅定义了 part 1，接下来将定义 part 2，操作类似。

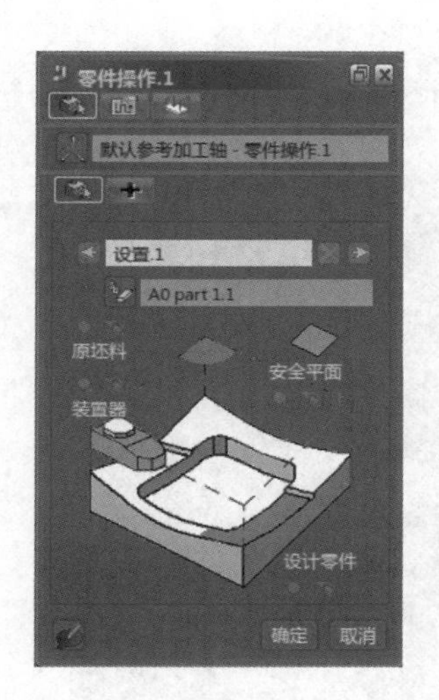

图 4-47　选择默认参考加工轴系

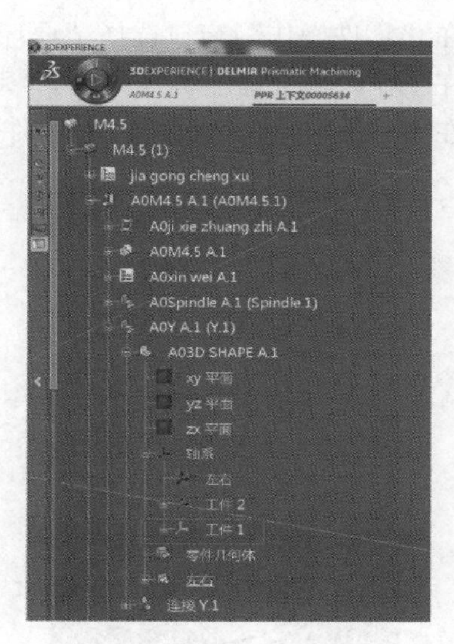

图 4-48　定义 part 2

4.9.6　定义零件操作 2

（1）在工具条选择“设置”>“零件操作”。

（2）在“活动进程树”中选择“零件操作 . 1”，在下方创建一个新的零件操作其名称为“零件操作 . 2”，如图 4-49 所示。

（3）可以在零件操作下面创建制造程序。

1）在工具条中选择：“编程”>“制造程序”。

2）在“活动进程树”中选择“零件操作 . 2”，一个新的制造程序就被创建了。

3）建议将“A0part 1”隐藏，仅显示“A0part 2”。

（4）选择设置装配体。

1）双击“零件操作 . 2”将进入“零件操作”对话框。

2）单击“选择设置装配体”，如图 4-50 所示。

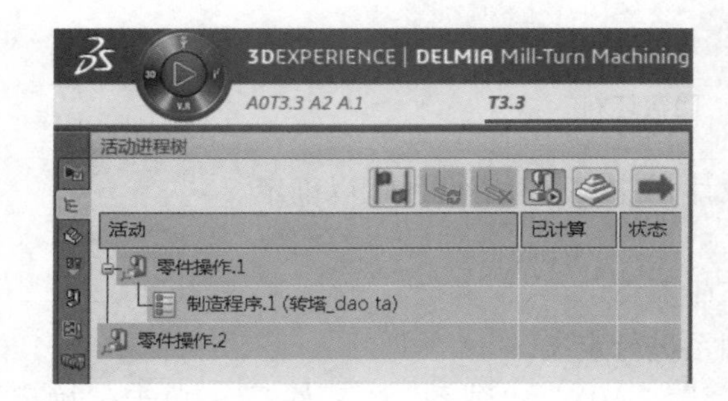

图 4-49　创建一个新的零件

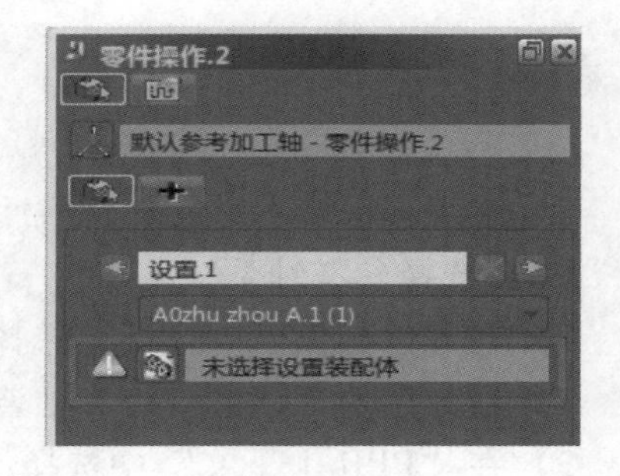

图 4-50　选择设置装配体

3）在“PPR 上下文”中选择“A0part 2”。

（5）可以定义设计零件与坯料。

1）在“零件操作”窗口选择“原坯料”，如图 4-51 所示。

2）在工作区域选择坯料（高亮），双击空白区域以确定。

3）在零件操作窗口选择“设计零件”，如图 4-52 所示。

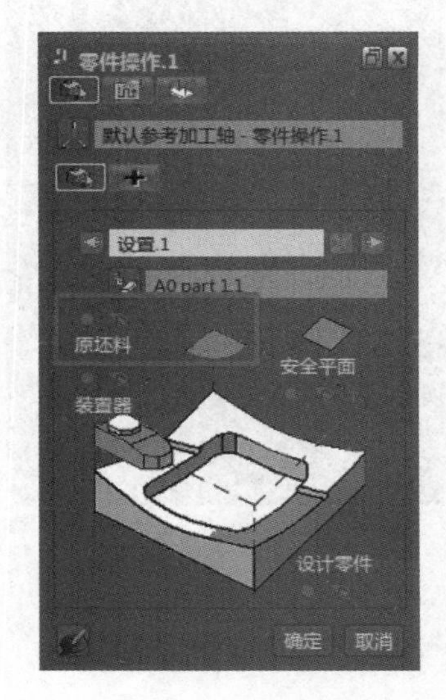

图 4-51　选择“原坯料”

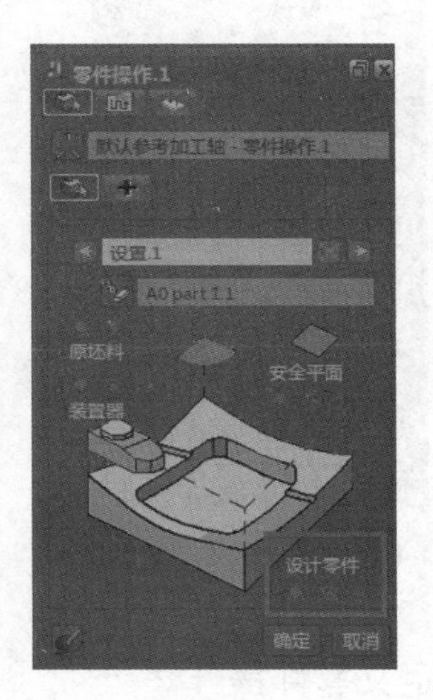

图 4-52　选择“设计零件”

4）在下方工具条中选择“隐藏/显示坯料”，将坯料隐藏，避免误选，如图 4-53 所示。

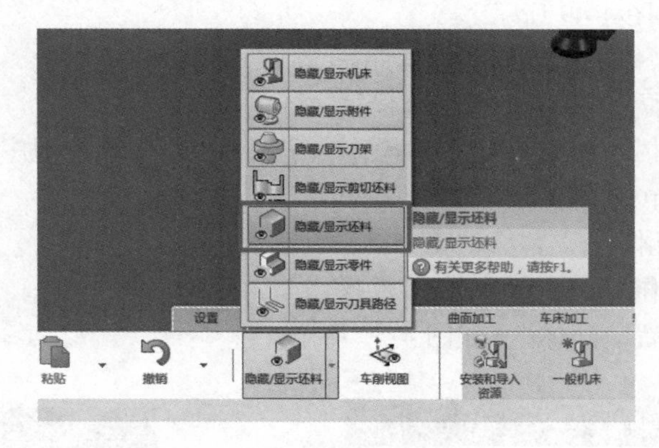

图 4-53　隐藏坯料

5）在工作区域看见坯料隐藏后，选择设计零件，双击空白区域以确定。

（6）选择参考轴系。

1）在零件操作窗口选择“选择参考加工轴系”。

2）在弹出的对话框中修改轴名，单击轴系进行定义。

3）在“PPR 上下文”中选择：“A0M4. 5”>“A0Y”>“轴系”>“工件 2”，单击“确定”完成设置。

4.9.7　加工 part 1

（1）接下来我们将进行 part 1 的加工操作。

1）将“A0part 1”显示，“A0part 2”隐藏。

2）在工具条中选择：“棱柱形加工”>“平面铣削”。

3）在“活动进程树”中选择“制造程序.1”。

4）展开 A0part 1 的设计零件部分，将引导线设置为显示状态，以方便设置加工操作时选取。

（2）定义几何图形参数。

1）修改名称与备注。名称修改为：铣上端面。

2）选择顶部平面。

3）通过“工具条”>“显示/隐藏坯料”控制坯料的显示或隐藏。

4）选择底部平面。

5）选择驱动面（四周限制）。

（3）定义策略参数。

1）设置刀具路径形式为：内向螺旋。

2）在加工设置切削方向为：顺铣。

3）在径向设置模式为：工具直径比，数值为 50。

4）在轴向设置模式为：最大切削深度，数值为 2mm。

5）在精加工设置模式为：无精铣刀路。

（4）在刀具参数窗口中选择“从当前加工单元中显示现有加工装配体”>选择“刀具 T01”。

（5）在进给速度和主轴速度参数窗口设置，如图 4-54 所示。

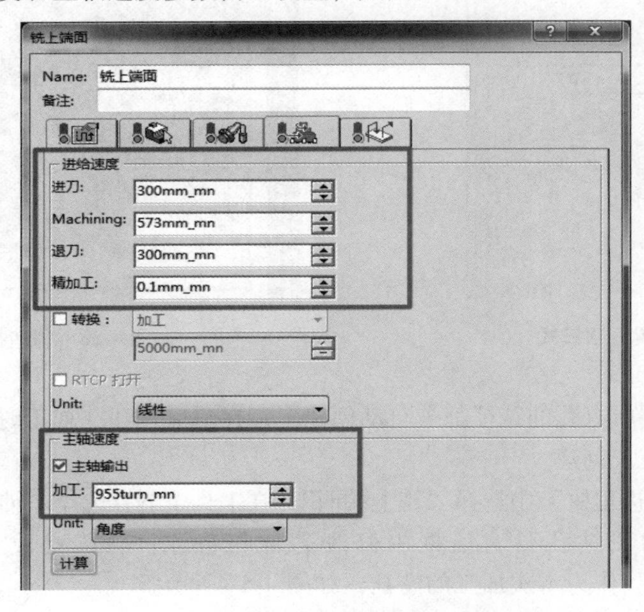

图 4-54　进给速度和主轴速度参数窗口

（6）在宏参数窗口中。

1）将进刀、退刀、在退刀层之间返回、在进刀层之间返回 4 个宏激活，通过右击“Activate”。

2）将进刀、退刀、在退刀层之间返回的模式均设置为轴向，长度均设置为 50mm。双击数值进入编辑参数窗口，如图 4-55 所示。

3）将“在进刀层之间返回”的模式设置为由用户创建，选择添加螺旋动作。如果愿意，可以修改它的数值。

4）观察到指示灯全部变为绿色便可以进行刀具路径的计算了。

（7）在“活动流程树”中选择“铣上端面”，然后在工具条中选择“轴向加工”>“全局特征识别”。

（8）弹出全局特征识别窗口。

1）选择“基础”>“实体”>在工作区域中选择“A0part 1”。

2）选择“基础”>“功能框”>“孔”。

（9）选择“Advanced”>“加工方向”>在工作区域中选择“设计零件上表面调整加工方向”为“向上”。勾选“仅在此方向上创建特征”。

（10）选择“pattern”>“创建阵列”>勾选“为识别的孔创建阵列”，跳刀距离设置为 75mm。选择“阵列创建参数”>勾选“直径”>选择“identical”。单击“应用”。

（11）可以在“制造视图”中查看创建的特征，如图 4-56 所示。

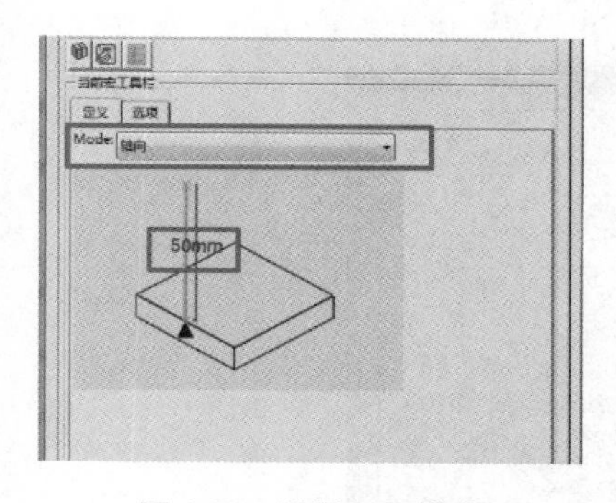

图 4-55　设置返回模式

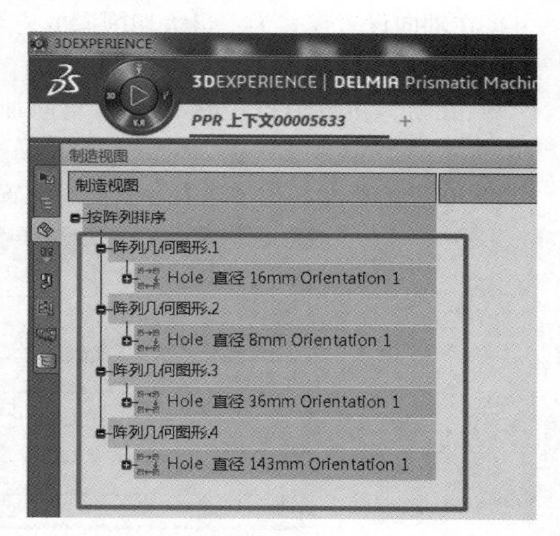

图 4-56　制造视图

这样关于该零件所有孔的特征都被自动创建了，在后面创建孔加工时直接选择已创建的孔特征便可轻松地完成创建。

（12）在“活动进程树”中选择“铣上端面”，在工具条下方选择“轴向加工”>“钻孔”。

（13）在弹出的“钻孔”对话框中修改名称与备注，名称修改为：钻孔 1。选择“36mm Orientation 1”作为本次加工的特征，如图 4-57 所示。

（14）设置策略参数：进刀间隙为 20mm，穿透为 20mm，如图 4-58 所示。

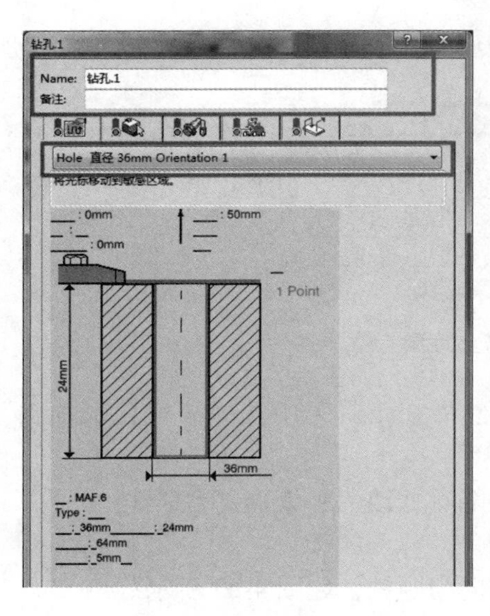

图 4-57　修改名称与备注

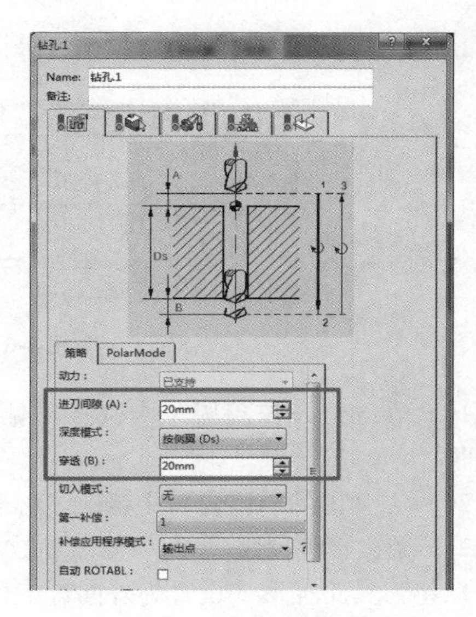

图 4-58　设置策略参数

（15）选择 T02 作为本次加工使用的刀具，如图 4-59所示。

（16）设置进给速度与主轴速度，如图 4-60 所示。

（17）设置宏。激活“进刀/退刀”，选择“模式”>由“用户创建”>“添加轴向动作”>数值修改为 50mm，如图 4-61 所示。

图 4-59　选择 T02 刀具

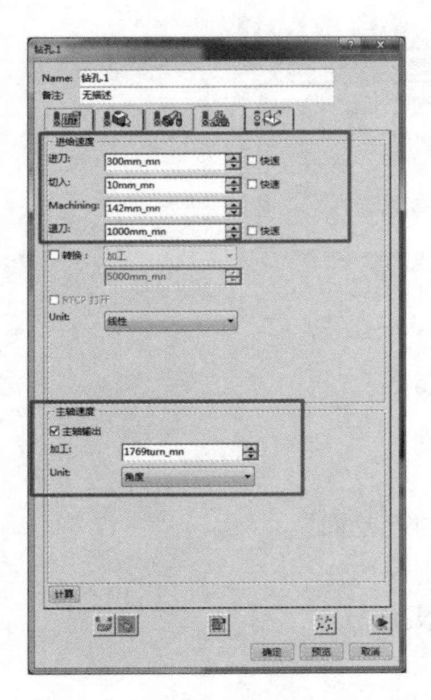

图 4-60　设置进给速度与主轴速度

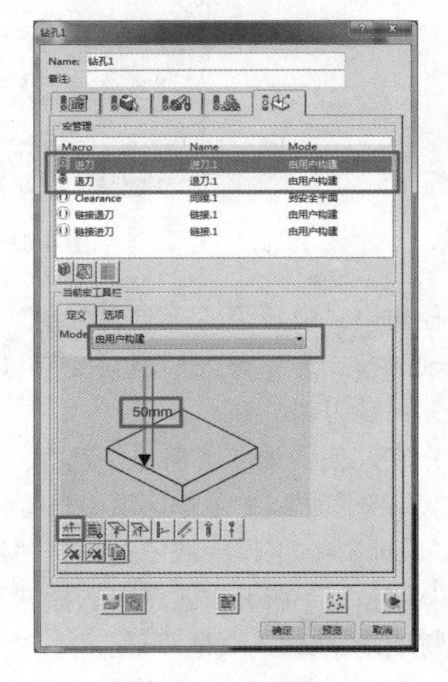

图 4-61　设置宏

（18）当指示灯不再报警时单击计算刀具路径可以播放动画查看结果，如图 4-62 所示。

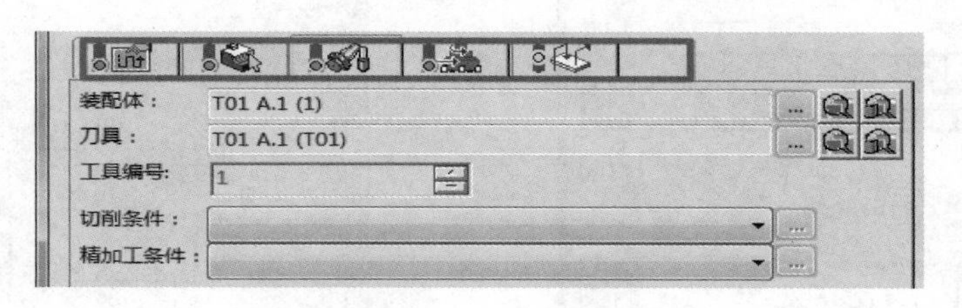

图 4-62　指示灯全为绿

（19）在“活动流程树”中选择“钻孔 1”，然后在工具条中选择“棱柱形加工”>“型腔铣削”。

（20）在弹出的对话窗口中修改名称和备注，名称修改为：铣内部台阶 1。

（21）在“策略参数”窗口修改参数。

1）将刀具路径形式设置为外向螺旋，切削方向为顺铣，如图 4-63 所示。

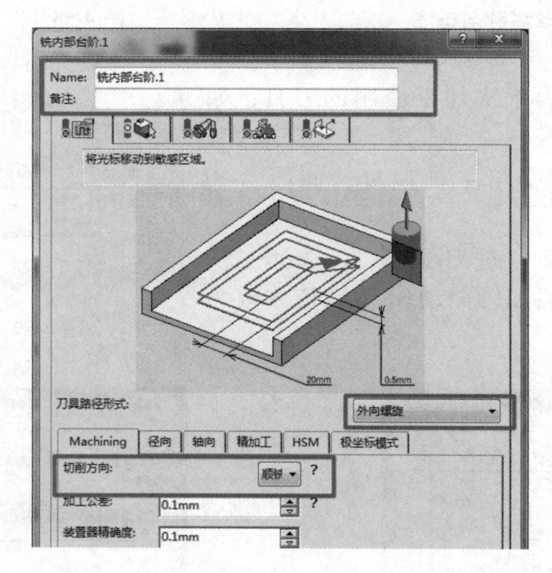

图 4-63　设置刀具路径形式

2）径向模式设置为“工具百分比”，数值为 50。

3）轴向模式为“最大切削深度”，数值为 0. 5mm。

4）无精铣刀路。

（22）在几何图形参数窗口中选择。

1）“顶部平面”>在工作区域中选择“型腔铣削的起始面”。

2）“底部”>在工作区域中选择型“腔铣削的停止面”。

3）“引导面”>在工作区域中选择“型腔铣削的限制线”。

将型腔模式改为：封闭型腔。

（23）在刀具参数窗口中选择“刀具 T03”。

（24）在“进给速度和主轴速度参数”窗口设置合适的数值，如图 4-64 所示。

（25）在“宏参数”窗口中：

1）将“进刀、退刀宏”激活，右击“Activate”。

2）将进刀、退刀的模式均设置为轴向，长度均设置为 50mm。双击数值进入“编辑参数”窗口，如图 4-65 所示。

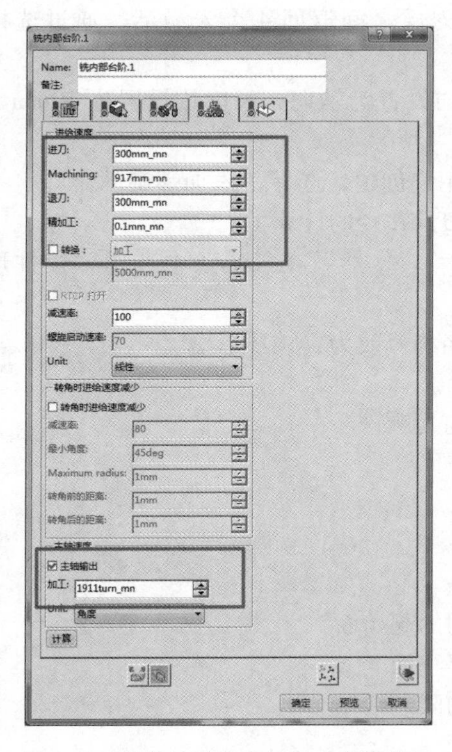

图 4-64　进给速度和主轴速度参数窗口

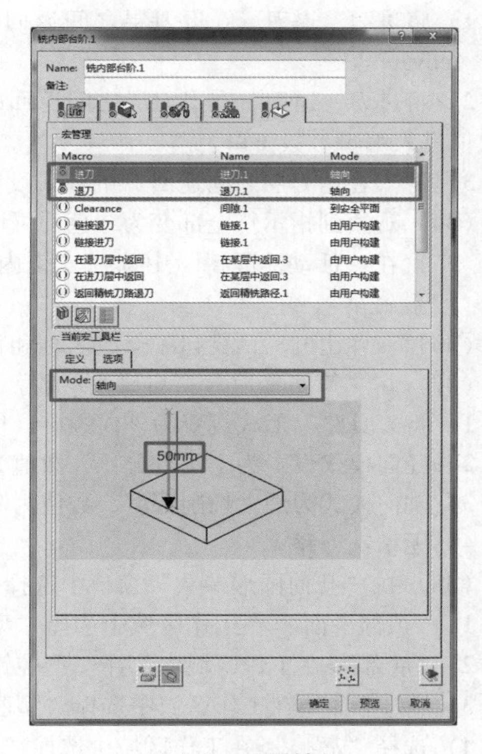

图 4-65　设置轴向

（26）观察到指示灯全部变为绿色便可以进行刀具路径的计算了。

（27）在“活动流程树”中选择“铣内部台阶 1”，然后在工具条中选择“棱柱形加工”>“型腔铣削”。

（28）在弹出的对话窗口中修改名称和备注，名称修改为：铣内部台阶 1。

（29）在“策略参数”窗口修改参数。

1）将刀具路径形式设置为外向螺旋，切削方向为顺铣。

2）径向模式设置为工具百分比，数值为 50。

3）轴向模式为最大切削深度，数值为 3. 1mm。

4）无精铣刀路。

（30）在“几何图形参数”窗口中选择。

1）“顶部平面”>在工作区域中选择“型腔铣削的起始面”。

2）“底部”>在工作区域中选择“型腔铣削的停止面”。

3）“引导面”>在工作区域中选择“型腔铣削的限制线”。

4）轮廓上的偏移设置为 0. 1mm。

将型腔模式改为封闭型腔。

（31）在“刀具参数”窗口中选择“刀具 T03”。

（32）在“进给速度和主轴速度参数”窗口设置合适的数值。

（33）在“宏参数”窗口中。

1）将进刀、退刀、在退刀层之间返回、在进刀层之间返回 4 个宏激活，通过选择右击>“Activate”。

2）将进刀、退刀、在退刀层之间返回的模式均设置为轴向，长度均设置为 50mm。双击数值进入编辑参数窗口。

3）将“在退刀层之间返回”的模式设置为由用户创建，选择“添加螺旋动作”。

（34）观察到指示灯全部变为绿色便可以进行刀具路径的计算了。

（35）在“活动流程树”中选择“铣内部台阶 .2”，然后在工具条中选择“棱柱形加工”>“型腔铣削”。

（36）在弹出的对话窗口中修改名称和备注，名称修改为：铣环形槽。

（37）在“策略参数”窗口修改参数。

1）将刀具路径形式设置为外向螺旋，切削方向为顺铣。

2）径向模式设置为工具百分比，数值为 50。

3）轴向模式为最大切削深度，数值为 2mm。

4）无精铣刀路。

（38）在“几何图形参数”窗口中选择。

1）“顶部平面”>在工作区域中选择“型腔铣削的起始面”。

2）“底部”>在工作区域中选择“型腔铣削的停止面”。

3）“引导面”>在工作区域中选择“型腔铣削的限制线”。

4）选择“岛屿”>在工作区域中选择“岛屿”。

（39）在“刀具参数”窗口中选择“刀具 T04”。

（40）在“进给速度和主轴速度参数”窗口设置合适的数值。

（41）在“宏参数”窗口中：

1）将进刀、退刀、在退刀层中返回、在进刀层中返回 4 个宏激活，右击“Activate”。

2）将进刀、退刀、在退刀层中返回、在进刀层中返回的模式均设置为轴向，长度均设置为 50mm。双击数值进入“编辑参数”窗口。

（42）观察到指示灯全部变为绿色便可以进行刀具路径的计算了。

（43）在“活动流程树”中选择“铣环形槽”，然后在工具条中选择“棱柱形加工”>“型腔铣削”。

（44）在弹出的对话窗口中修改名称和备注，名称修改为：铣槽型。

（45）在“策略参数”窗口修改参数。

1）将刀具路径形式设置为外向螺旋，切削方向为顺铣。

2）径向模式设置为工具百分比，数值为 50。

3）轴向模式为最大切削深度，数值为 2.5mm。

4）无精铣刀路。

（46）在“几何图形参数”窗口中选择：

1）“顶部平面”>在工作区域中选择“型腔铣削的起始面”。

2）“底部”>在工作区域中选择“型腔铣削的停止面”。

3）“引导面”>在工作区域中选择“型腔铣削的限制线”。

4）轮廓偏移设置为 0.1mm。

5）没有选择任何岛屿。

（47）在“刀具参数”窗口中选择“刀具 T05”。

（48）在“进给速度和主轴速度参数”窗口设置合适的数值。

（49）在“宏参数”窗口中：

1）将进刀、退刀宏激活，右击“Activate”。

2）将进刀、退刀的模式均设置为轴向，长度均设置为 50mm。双击数值进入“编辑参数”窗口。

（50）观察到指示灯全部变为绿色便可以进行刀具路径的计算了。

（51）在“活动流程树”中选择“制造程序”，然后在工具条中选择“棱柱形加工”>“铣槽型”。

（52）在弹出的对话窗口中修改名称和备注，名称修改为：侧铣四周面 1。

（53）在“策略参数”窗口修改参数。

1）设置工具路径形式为锯齿形运动，切削方向为顺铣。

2）在步距窗口设置排序为先径向。

3）在步距窗口径向步距为 10mm，路径数为 1。

4）在步距窗口轴向最大切削深度为 3mm。

5）无精铣刀路。

（54）在“几何图形参数”窗口中选择：

1）模式设置为两平面之间。

2）选择顶部平面。

3）选择底部。

4）选择引导面。

5）轮廓偏移为 0mm。

（55）在“刀具参数”窗口中选择“从当前加工单元中显示现有加工装配体”>选择“刀具”。

（56）在“进给速度和主轴速度参数”窗口设置合适的数值。

（57）在“宏参数”窗口中：

1）将进刀、退刀宏激活，右击“Activate”。

2）将进刀、退刀的模式均设置为轴向，长度均设置为 50mm。双击数值进入编辑参数窗口。

（58）观察到指示灯全部变为绿色便可以进行刀具路径的计算了。

（59）在“活动流程树”中选择“制造程序”，然后在工具条中选择“棱柱形加工”>“侧铣四周面 1”。

（60）在弹出的对话窗口中修改名称和备注，名称修改为：侧铣四周面 2。

（61）在“策略参数”窗口修改参数。

1）设置工具路径形式为锯齿形运动，切削方向为顺铣。

2）在“步距”窗口设置排序为先径向。

3）在“步距”窗口径向步距为6mm，路径数为1。

4）在“步距”窗口轴向最大切削深度为2.5mm。

5）无精铣刀路。

（62）在“几何图形参数”窗口中选择。

1）模式设置为两平面之间。

2）选择顶部平面。

3）选择底部。

4）选择引导面。

5）轮廓偏移设置为0mm。

（63）在“刀具参数”窗口中选择“刀具T05”。

（64）在“进给速度和主轴速度参数”窗口设置合适的数值。

（65）在“宏参数”窗口中：

1）将进刀、退刀宏激活，右击“Activate”。

2）将进刀、退刀的模式均设置为轴向，长度均设置为50mm。双击数值进入“编辑参数”窗口。

（66）观察到指示灯全部变为绿色便可以进行刀具路径的计算了。

（67）在“活动进程树”中选择“侧铣四周面.2”，在工具条下方选择“轴向加工”>“钻孔”。

（68）在弹出的“钻孔”对话框中修改名称与备注，名称修改为：钻孔2。选择“16mm Orientation 1”作为本次加工的特征。

（69）设置策略参数：进刀间隙为3mm，穿透为5mm。

（70）选择“A0T06”作为本次加工使用的刀具。

（71）设置进给速度与主轴速度，如图4-66所示。

（72）设置宏。激活“进刀/退刀”，选择“模式”>“由用户创建”>“添加轴向动作”>数值修改为50mm，如图4-67所示。

（73）当指示灯不再报警时单击“计算刀具路径”，可以播放动画查看结果。

（74）在“活动进程树”中选择“钻孔2”，在工具条下方选择“轴向加工”>“钻孔”。

（75）在弹出的“钻孔”对话框中修改名称与备注，名称修改为：钻孔3。选择“8mm Orientation 1”作为本次加工的特征。

（76）设置策略参数：进刀间隙为3mm，穿透为0mm。

（77）选择“A0T07”作为本次加工使用的刀具。

（78）设置进给速度与主轴速度。

（79）设置宏。激活“进刀/退刀”，选择“模式”>“由用户创建”>“添加轴向动作”>数值修改为50mm。

（80）当指示灯不再报警时单击“计算刀具路径”，可以播放动画查看结果。

（81）最后，使用“曲线跟随”指令将导流槽铣削到位即可完成本次加工。曲线跟随指令是指：刀具的顶点沿着给定的曲线移动，可以使用该指令进行雕刻文字或其他图案。此处我们用它来铣导流槽。

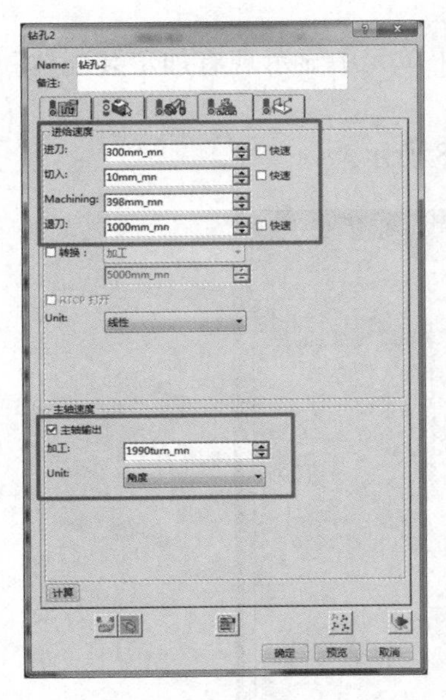

图 4-66　设置进给速度与主轴速度

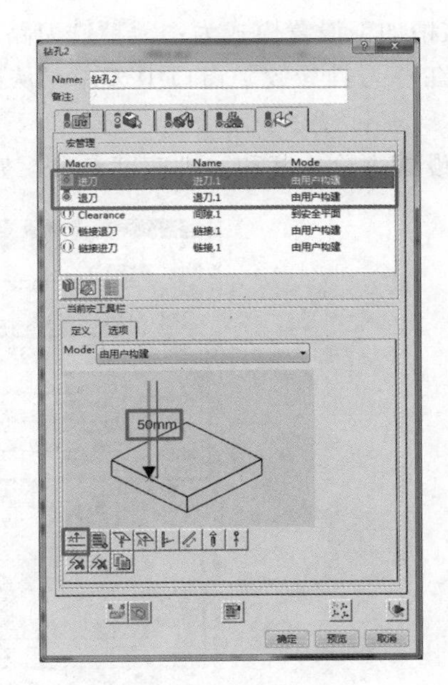

图 4-67　设置宏

1）在“活动进程树”中选择“钻孔 3”，在它之后插入该加工动作，在工具条中选择“棱柱形加工”>“曲线跟随”。

2）在“几何体参数”选项卡选择本次加工的引导曲线。

3）定义策略参数、刀具参数、进给速度、宏参数等其他参数。

（82）当指示灯不再报警时单击“计算刀具路径”，可以播放动画查看结果。

4.9.8　加工 part 2

（1）接下来将进行加工操作。

1）将“A0part 1”隐藏，“A0part 2”显示。

2）在工具条中选择“棱柱形加工”>“平面铣削”。

3）在“活动进程树”中选择“制造程序 . 2”。

（2）定义几何图形参数。

1）修改名称与备注，名称修改为：铣上端面。

2）选择顶部平面。

3）通过“工具条”>“显示/隐藏坯料”控制坯料隐藏。

4）选择底部平面。

5）选择驱动面（四周限制）。

（3）定义策略参数。

1）设置刀具路径形式为：内向螺旋。

2）在加工设置切削方向：顺铣。

3）在径向设置模式为：工具直径百分比，数值为 50。

4）在轴向设置模式为：最大切削深度，数值为 2mm。

5）在精加工设置模式为：无精铣刀路。

（4）在“刀具参数”窗口中选择“从当前加工单元中显示现有加工装配体”>选择“刀具 T01”。

（5）设置进给速度和主轴速度参数，如图 4-68 所示。

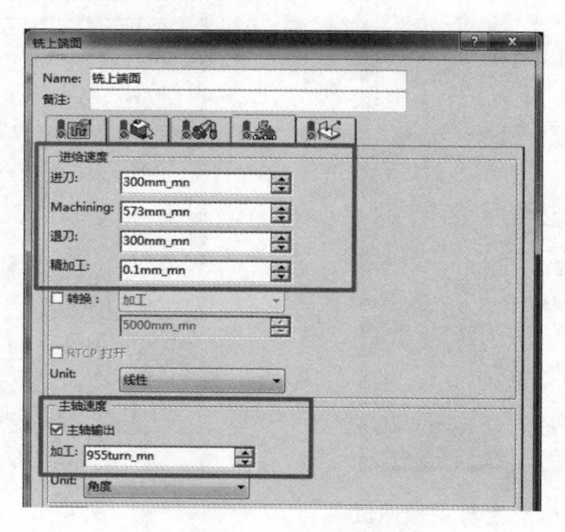

图 4-68　设置进给速度和主轴速度

（6）在“宏参数”窗口中：

1）将进刀、退刀、在退刀层之间返回、在进刀层之间返回 4 个宏激活，通过右击>“Activate”。

2）将进刀、退刀、在退刀层之间返回的模式均设置为轴向，长度均设置为 50mm。双击数值进入“编辑参数”窗口。

3）将“在退刀层之间返回”的模式设置为由用户创建，选择“添加螺旋动作”。如果愿意，可以修改它的数值。

4）观察到指示灯全部变为绿色便可以进行刀具路径的计算了。

（7）在“活动流程树”中选择“铣上端面”，然后在工具条中选择“棱柱形加工”>“型腔铣削”。

（8）在弹出的对话窗口中修改名称和备注，名称修改为：粗铣型腔内部。

（9）在“策略参数”窗口修改参数（其策略类型的设置类型与平面铣削类似）。

1）将刀具路径形式设置为外向螺旋，切削方向为顺铣。

2）径向模式设置为工具直径百分比，数值为 50。

3）轴向模式为最大切削深度，数值为 3. 6mm。

4）无精铣刀路。

（10）在“几何图形参数”窗口中选择：

1）“顶部平面”>在工作区域中选择“型腔铣削的起始面”。

2）“底部”>在工作区域中选择“型腔铣削的停止面”。

3）“引导面”>在工作区域中选择“型腔铣削的限制线”。

4）选择“岛屿”>在加工区域中选择“不铣削的部分”。

5）轮廓偏移，底面偏移均设置为 0.1mm。

将型腔模式改为：封闭型腔。

（11）在“刀具参数”窗口中选择“刀具 T03”。

（12）在“进给速度和主轴速度参数”窗口设置合适的数值。

（13）在“宏参数”窗口中：

1）将进刀、退刀、在退刀层之间返回、在进刀层之间返回 4 个宏激活，右击“Activate”。

2）将进刀、退刀、在退刀层之间返回的模式均设置为轴向，长度均设置为 50mm。双击数值进入“编辑参数”窗口。

3）将“在进刀层之间返回”的模式设置为由用户创建，选择“添加螺旋动作”。如果愿意，可以修改它的数值。

（14）观察到指示灯全部变为绿色便可以进行刀具路径的计算了。

（15）在“活动流程树”中选择“粗铣型腔内部”，然后在工具条中选择“棱柱形加工”>“型腔铣削”。

（16）在弹出的对话窗口中修改名称和备注，名称修改为：铣内部台阶。

（17）在“策略参数”窗口修改参数。

1）将刀具路径形式设置为外向螺旋，切削方向为顺铣。

2）径向模式设置为工具直径百分比，数值为 50。

3）轴向模式为最大切削深度，数值为 2.5mm。

4）无精铣刀路。

（18）在“几何图形参数”窗口中选择：

1）“顶部平面”>在工作区域中选择“型腔铣削的起始面”。

2）“底部”>在工作区域中选择“型腔铣削的停止面”。

3）“引导面”>在工作区域中选择“型腔铣削的限制线”。

4）选择“岛屿”>在加工区域中选择“不铣削部分的轮廓”。

5）“轮廓偏移”，底面偏移均设置为 0mm。

将型腔模式改为：封闭型腔。

（19）在“刀具参数”窗口中选择“刀具 T04”。

（20）在进给速度和主轴速度参数窗口设置合适的数值。

（21）在“宏参数”窗口中：

1）将进刀、退刀、在退刀层之间返回、在进刀层之间返回 4 个宏激活，右击“Activate”。

2）将进刀、退刀、在退刀层之间返回、在进刀层之间返回的模式均设置为轴向，长度均设置为 50mm。双击数值进入“编辑参数”窗口。

（22）观察到指示灯全部变为绿色便可以进行刀具路径的计算了。

（23）在“活动流程树”中选择“铣内部台阶”，然后在工具条中选择“棱柱形加工”>“型腔铣削”。

（24）在弹出的对话窗口中修改名称和备注，名称修改为：铣内部深槽。

（25）在“策略参数”窗口修改参数。

1）将刀具路径形式设置为外向螺旋，切削方向为顺铣。

2）径向模式设置为工具直径百分比，数值为 50。

3）轴向模式为最大切削深度，数值为 1. 25mm。

4）无精铣刀路。

（26）在“几何图形参数”窗口中选择：

1）“顶部平面”>在工作区域中选择“型腔铣削的起始面”。

2）“底部”>在工作区域中选择“型腔铣削的停止面”。

3）“引导面”>在工作区域中选择“型腔铣削的限制线”。

4）轮廓偏移设置为 0. 1mm。

将型腔模式改为：封闭型腔。

（27）在“刀具参数”窗口中选择“刀具 T04”。

（28）在“进给速度和主轴速度参数”窗口设置合适的数值。

（29）在“宏参数”窗口中：

1）将进刀、退刀、在退刀层之间返回、在进刀层之间返回 4 个宏激活，右击“Activate”。

2）将进刀、退刀、在退刀层之间返回、在进刀层之间返回的模式均设置为轴向，长度均设置为 50mm。双击数值进入“编辑参数”窗口。

（30）观察到指示灯全部变为绿色便可以进行刀具路径的计算了。

（31）在“铣内部深槽 1”后面创建“铣内部深槽 2”。用于铣另一处深槽，刀具参数、策略参数、进给速度、宏参数均保持不变，仅改变几何体参数。

1）“顶部平面”>在工作区域中选择“型腔铣削的起始面”。

2）“底部”>在工作区域中选择“型腔铣削的停止面”。

3）“引导面”>在工作区域中选择“型腔铣削的限制线”。

4）轮廓偏移设置为 0. 1mm。

将型腔模式改为：封闭型腔。

（32）观察到指示灯全部变为绿色便可以进行刀具路径的计算了。

（33）在“活动流程树”中选择“铣内部深槽 2”，然后在工具条中选择“棱柱形加工”>“型腔铣削”。还是使用型腔铣削操作，但选择更小的刀具来为内部深槽清根。

（34）在弹出的对话窗口中修改名称和备注，名称修改为：深槽清根 1。

（35）在“策略参数”窗口修改参数。

1）将刀具路径形式设置为外向螺旋，切削方向为顺铣。

2）径向模式设置为工具百分比，数值为 50。

3）轴向模式为最大切削深度，数值为 1. 25mm。

4）无精铣刀路。

（36）在“几何图形参数”窗口中选择：

1）“顶部平面”>在工作区域中选择“型腔铣削的起始面”。

2）“底部”>在工作区域中选择“型腔铣削的停止面”。

3）“引导面”>在工作区域中选择“型腔铣削的限制线”。

4）轮廓偏移设置为 0mm。

将型腔模式改为：封闭型腔。

（37）在“刀具参数”窗口中选择“刀具 T011”。

（38）在“进给速度和主轴速度参数”窗口设置合适的数值。

（39）在“宏参数”窗口中：

1）将进刀、退刀、在退刀层之间返回、在进刀层之间返回 4 个宏激活，右击“Activate”。

2）将进刀、退刀、在退刀层之间返回、在进刀层之间返回的模式均设置为轴向，长度均设置为 50mm。双击数值进入“编辑参数”窗口。

（40）观察到指示灯全部变为绿色便可以进行刀具路径的计算了。

（41）在“深槽清根 1”后面创建“深槽清根 2”。用于清根另一处深槽，刀具参数、策略参数、进给速度、宏参数均保持不变。仅改变几何体参数。

1）“顶部平面”>在工作区域中选择“型腔铣削的起始面”。

2）“底部”>在工作区域中选择“型腔铣削的停止面”。

3）“引导面”>在工作区域中选择“型腔铣削的限制线”。

4）“轮廓偏移”设置为 0mm。

（42）观察到指示灯全部变为绿色便可以进行刀具路径的计算了。

（43）接下来“铣上面上两处凹槽”，其操作与铣内部两处深槽相似。在“活动流程树”中选择“深槽清根 2”，然后在工具条中选择“棱柱形加工”>“型腔铣削”。在“深槽清根 2”后面创建型腔铣削操作。

（44）在弹出的对话窗口中修改名称和备注，名称修改为：铣上面上两处凹槽 1。

（45）在“策略参数”窗口修改参数。

1）将刀具路径形式设置为外向螺旋，切削方向为顺铣。

2）径向模式设置为工具百分比，数值为 50。

3）轴向模式为最大切削深度，数值为 4mm。

4）无精铣刀路。

（46）在“几何图形参数”窗口中选择。

1）“顶部平面”>在工作区域中选择“型腔铣削的起始面”。

2）“底部”>在工作区域中选择“型腔铣削的停止面”。

3）“引导面”>在工作区域中选择“型腔铣削的限制线”。

4）“轮廓偏移”设置为 0. 1mm。

将型腔模式改为：封闭型腔。

（47）在“刀具参数”窗口中选择“刀具 T04”。

（48）在“进给速度和主轴速度参数”窗口设置合适的数值。

（49）在“宏参数”窗口中：

1）将进刀、退刀、在退刀层之间返回、在进刀层之间返回 4 个宏激活，右击“Activate”。

2）将进刀、退刀、在退刀层之间返回、在进刀层之间返回的模式均设置为轴向，长度均设置为 50mm。双击数值进入“编辑参数”窗口。

（50）观察到指示灯全部变为绿色便可以进行刀具路径的计算了。

（51）在“铣上面两处凹槽 1”后面创建“铣上面两处凹槽 2”。用于铣另一处凹槽，仅改变几何体参数。刀具参数、策略参数、进给速度、宏参数均保持不变。

1）“顶部平面”>在工作区域中选择“型腔铣削的起始面”。

2）“底部”>在工作区域中选择“型腔铣削的停止面”。

3）“引导面”>在工作区域中选择“型腔铣削的限制线”。

4）“轮廓偏移”设置为 0. 1mm。

（52）观察到指示灯全部变为绿色便可以进行刀具路径的计算了。

（53）在“活动进程树”中选择“铣上面两处凹槽 2”，然后在工具条中选择“棱柱形加工”>“轮廓铣削”。选择更小的刀具为上面两处凹槽清根。

（54）在弹出的对话窗口中修改名称和备注，名称修改为：铣上面上两处凹槽清根 1。

（55）在“策略参数”窗口修改参数。

1）设置工具路径形式为锯齿形运动，切削方向为顺铣。

2）在步距窗口设置排序为先径向。

3）在步距窗口径向步距为 6mm，路径数为 1。

4）在步距窗口轴向最大切削深度为 2. 5mm。

（56）在“几何图形参数”窗口中选择。

1）模式设置为两平面之间。

2）选择顶部平面。

3）选择底部。

4）选择引导面。

5）轮廓偏移设置为 0mm。

（57）在“刀具参数”窗口中选择“刀具 A0T11”。

（58）在“进给速度和主轴速度参数”窗口设置合适的数值。

（59）在“宏参数”窗口中：

1）将进刀、退刀、在退刀层之间返回、在进刀层之间返回 4 个宏激活，右击“Activate”。

2）将进刀、退刀、在退刀层之间返回、在进刀层之间返回的模式均设置为轴向，长度均设置为 50mm。双击数值进入“编辑参数”窗口。

（60）观察到指示灯全部变为绿色时便可以进行刀具路径的计算。

4. 9. 9 播放铣削动作

（1）播放“制造程序 . 1”。

1）在“PPR 上下文”中将“A0part 1”显示，“A0part 2”隐藏。

2）在“活动进程树”中选择“激活/停用机床运动学”“在仿真期间启用材料移除”。

3）确保所有加工操作的刀路计算都已完成。

4）选择“制造程序 . 1”，单击“播放”按钮，执行动画播放。

（2）播放“制造程序 . 2”。

1）在“PPR 上下文”中将“A0part 2”显示，“A0part 1”隐藏。

2）在“活动进程树”中选择“激活/停用机床运动学”“在仿真期间启用材料移除”。

3）确保所有加工操作的刀路计算都已完成。

4）选择“制造程序 . 2”，单击“播放”按钮，执行动画播放。

5

第 5 章 数字化多轴数控加工与仿真

5.1 创建空腔粗加工操作

可以创建一个空腔粗加工以加工零件的中心空腔。

（1）在要加工的零件上创建原坯料。

（2）从操作栏的曲面加工部分中，单击“空腔粗加工”。“空腔粗加工”对话框将直接出现在“几何图形”选项卡上。

（3）选择要加工的原坯料和零件（见图 5-1）。

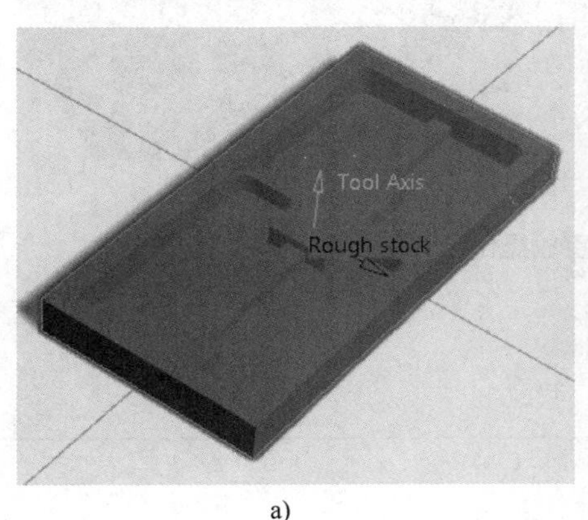

a)

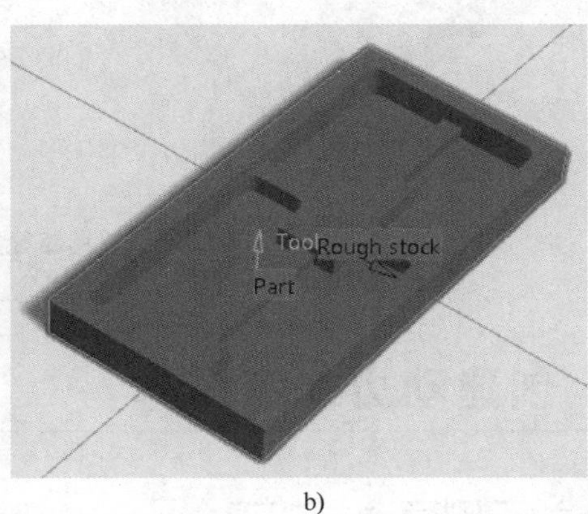

b)

图 5-1 待加工原坯料示意图

（4）转至“加工策略”选项卡，然后设置中心定义参数。

1）侧面的剩余厚度设置为 3mm。

2）水平区域上的最小厚度设置为 0mm。

3）不要选择加工水平区域，直到其达到最小厚度。

4）选择型腔过滤器。

（5）转至“刀具”选项卡选择刀具。

（6）单击“刀具路径重放”，以检查加工操作的有效性，如图 5-2a 所示。

1）系统将计算刀具路径。

2）系统将显示进度指示器。

3）在100%完成之前可以随时取消刀具路径计算。

（7）在“加工策略”选项卡中，右击加工方向箭头并选择优化。

（8）再次单击“刀具路径重放”。

刀具路径方向已根据要加工的几何图形进行调整：它由每个凹槽的形状定义，并沿主方向（X 或 Y）设置。

（9）转至“HSM”选项卡，并确保已选定“高速铣削”复选框。

（10）再次单击“刀具路径重放”，如图5-2b所示。

边角现在已成为圆角，可用于高速铣削。

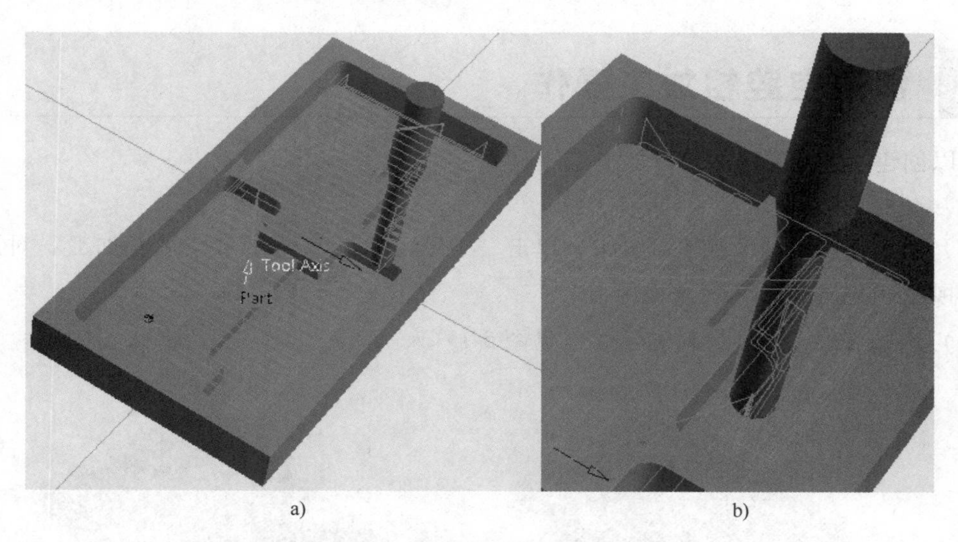

a)　　b)

图5-2　刀具路径重放操作示意图

5.2　创建动力加工操作

5.2.1　关于侧面动力加工

我们强烈建议在已加工部分的区域使用Center（1）和Side（2）加工策略：

Center（1）和Side（2）加工策略只能用于首次粗加工（并非返工）以及要处理的凹槽无须加工的情况。当凹槽已部分加工时，剩余的材料可能不足以创建某个层次的中央轨迹，从而无法创建相同层次的侧面轨迹。在较低层次的加工中，这样可能会造成碰撞或刀具损坏。一般来说，此警告适用于较高层次中的精细材料厚度（即低于侧面剩余厚度）以及较低层次中的较大材料厚度（即高于侧面剩余厚度）上的待加工区域的任何配置。此警告不仅适用于返工，还适用于原坯料与以上配置匹配的情况。只有在任何点上要移除的材料厚度大于侧面剩余厚度的情况下，才能保证侧面加工的效果。

将执行检查以避免过切情况：如果通过一次侧面加工路径时发现过切情况，此通过及后面的通过都将被移除。如果在已加工部分的区域上使用Center（1）和Side（2）（“加工策略”选项卡），或者使用仅限凹槽（“策略”选项卡，加工模式）或中央区域顺序（“几何图形”选项卡）以及仅加工已排序区域（中央区域顺序的“上下文”菜单），则可能会出现此情况。这样可能会导致某些区域无法加工。可以为整个零件创建侧面加工刀具轨迹。此刀具轨迹受到检查元素或限制线的限制。

注意：侧面剩余厚度仅在零件上考虑，检查时不考虑。侧面加工的 Zlevel 将链接至中央加工的 Zlevel（不链接至水平区域）。另见“常规参数”中加工水平区域直至达到最小厚度的限制。不切削任何材料的侧面加工刀具轨迹将被移除，即使仅切削极少量的材料，也仍然会保留。

5.2.2　在中心创建动力加工

（1）准备加工一个与以下类似的零件的中心（见图 5-3）。如果它尚不存在，应创建原坯料。

a)　　　　b)

图 5-3　待加工零件中心示意图

（2）在操作栏的曲面加工部分中，单击“动力加工”。一个动力加工实体将添加至制造计划。对话框将在“几何图形”选项卡中打开。

（3）在“几何图形”选项卡中：

1）在“上下文敏感”图标中单击“零件”，然后选择“零件”。

2）双击工作区域中的任意位置，以返回对话框。

3）在“上下文敏感”图标中单击“原坯料”，然后选择“原坯料”。

（4）转至“策略”选项卡，并确保“加工策略”已设置为“仅限 Center（1）”。

（5）转至“刀具”选项卡选择“刀具”。

（6）单击“刀具路径重放”以检查加工操作的有效性。

（7）转至“几何图形”选项卡以优化刀具轨迹。

1）右击加工方向箭头，然后从其“上下文”菜单中选择“优化”。

2）单击“刀具路径重放”以检查加工操作的有效性。

刀具轨迹方向已根据要加工的几何图形进行调整，也就是由每个凹槽的形状定义，并沿主方向（*X* 或 *Y*）设置。

（8）在“策略”选项卡中转至中心，然后转至“HSM”选项卡，并确保已选定“高速铣削”复选框。

（9）单击“刀具路径重放”以检查加工操作的有效性，边角将成为圆角。

5.2.3 在侧面创建动力加工

（1）准备加工一个与以下类似零件的中心和侧面。如果它尚不存在，应创建原坯料。

（2）在操作栏的“曲面加工”部分中，单击“动力加工”。一个动力加工实体将添加至制造计划。对话框将在“几何图形”选项卡中打开。

（3）在“几何图形”选项卡中进行以下操作。

1）在“上下文敏感”图标中单击“零件”，然后选择“零件”。

2）双击工作区域中的任意位置，以返回对话框。

3）在“上下文敏感”图标中单击“原坯料”，然后选择“原坯料”。

（4）定义加强平面。

1）单击一个加强区域，然后选择第一个平面，如图 5-4 所示。

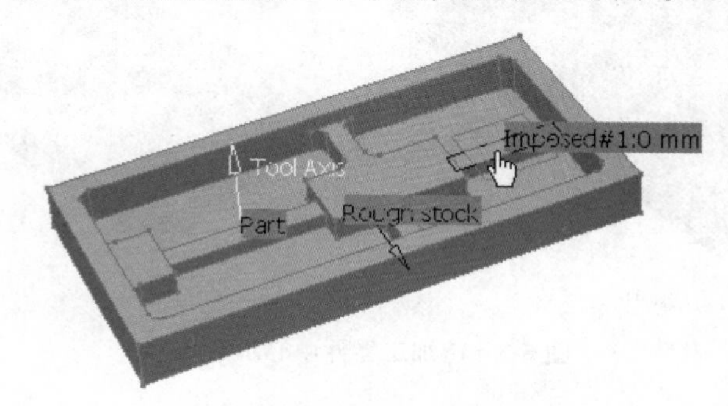

图 5-4　加强区域操作示意图

2）对另一个加强区域重复，并选择第二个平面，如图 5-5 所示。

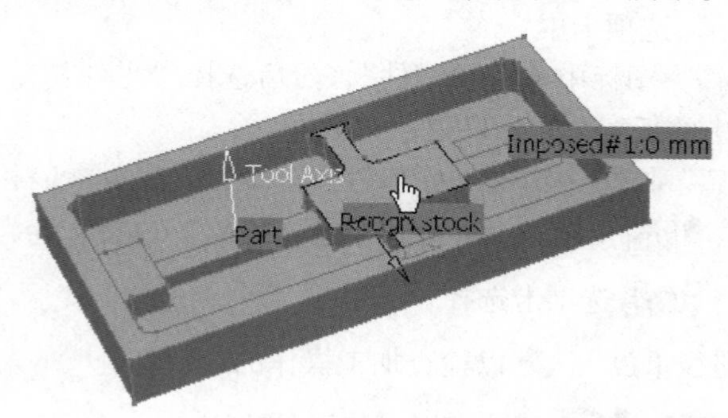

图 5-5　重复加强区域操作示意图

3）加强两组平面。

4）使用“上下文”菜单，在每一组上设置一个偏移。

（5）转至“策略”选项卡，并确保“加工策略”已设置为“Center（1）和

Side（2）”。

（6）转至“刀具”选项卡选择“刀具”。

（7）单击“刀具路径重放”以检查加工操作的有效性，中心和壁体将一次性加工。

5.2.4 优化动力加工操作

（1）在操作栏的“曲面加工”部分中，单击“动力加工”。一个动力加工实体将添加至制造计划。对话框将在“几何图形”选项卡中打开。

（2）在“几何图形”选项卡，在“上下文敏感”图标中单击相应的点。

1）选择要加工的原坯料和零件。

2）定义两个加强平面。

3）定义底部，如图 5-6 所示。

4）定义区域顺序，如图 5-7 所示。

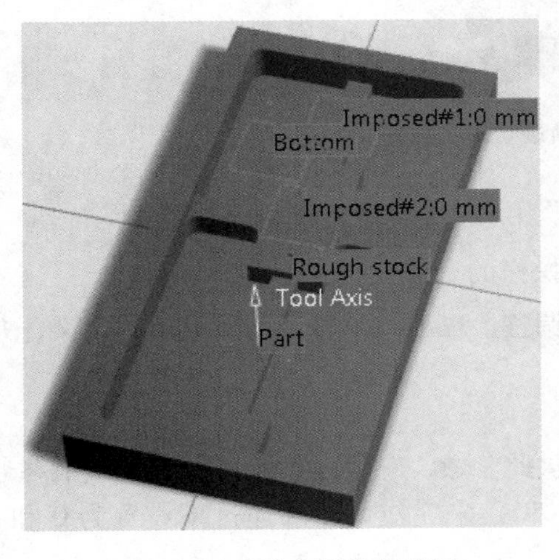

图 5-6　定义底部操作示意图

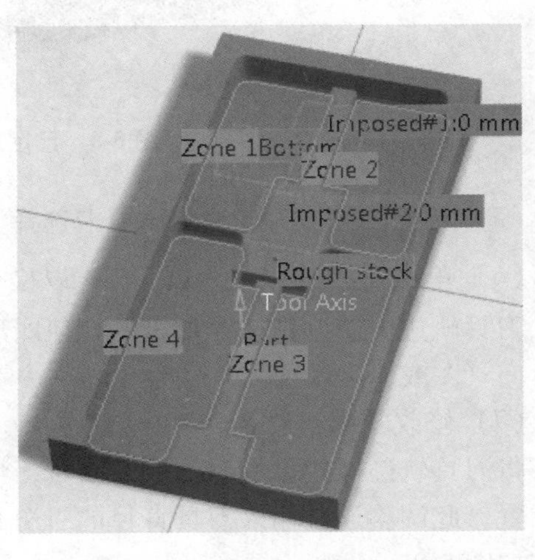

图 5-7　定义区域顺序操作示意图

（3）设置以下参数：

1）加工策略：Center（1）和 Side（2）。

2）零件上的偏移：0.5mm。

3）加工模式：仅型腔。

4）加工公差：0.1mm。

5）侧面的剩余厚度：1mm。

6）底部精加工厚度：0.5mm。

动力加工的特别之处在于前后来回中的刀具负载管理：多个轮廓加工刀路；双向切削刀路无全参数切削；在双向切削刀路之前或之后执行轮廓加工刀路的可能性；定义轮廓加工刀路比率的可能性。

已定义刀具轨迹结果示意图如图 5-8 所示。

（4）右击加工方向箭头，然后从其“上下文”菜单中选择“优化”。

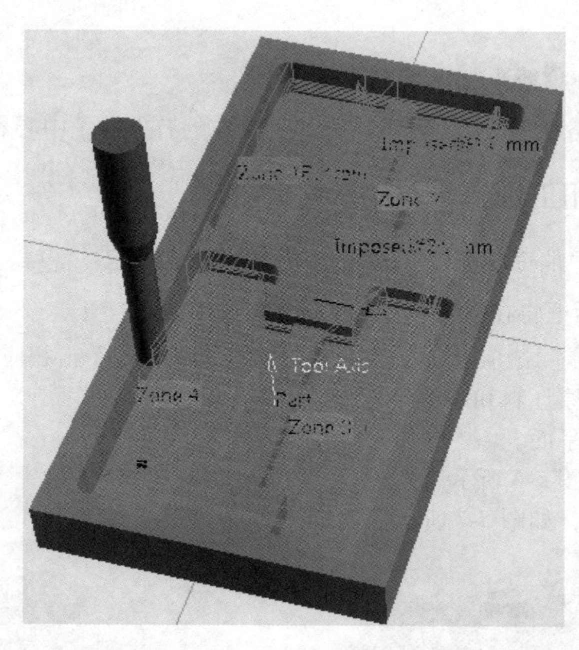

图 5-8　已定义刀具轨迹结果示意图

（5）转至“刀具”选项卡选择“刀具”。

（6）单击“刀具路径重放”以检查加工操作的有效性。

刀具轨迹方向已根据要加工的几何图形进行调整，也就是由每个凹槽的形状定义，并沿主方向（X 或 Y）设置。

（7）修改轮廓通过率。

将刀具轨迹样式设置为前后来回时，将会提供此参数，它将在移除扇形时调整最终通过的位置，此调整通过输入刀具直径的百分比（0～50）来完成。轮廓通过率设置为 0 和 50，操作如图 5-9 所示。

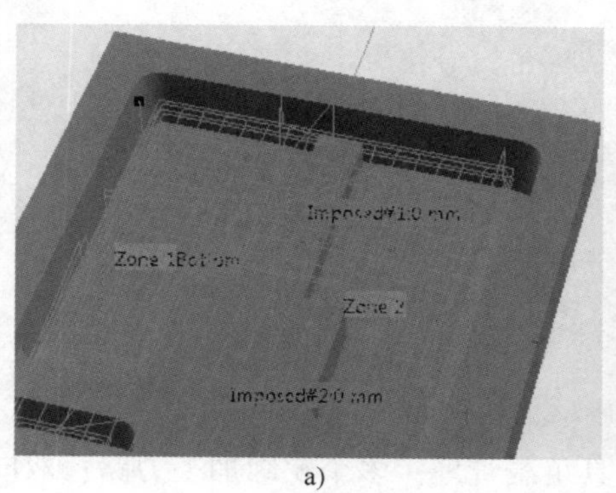

a)

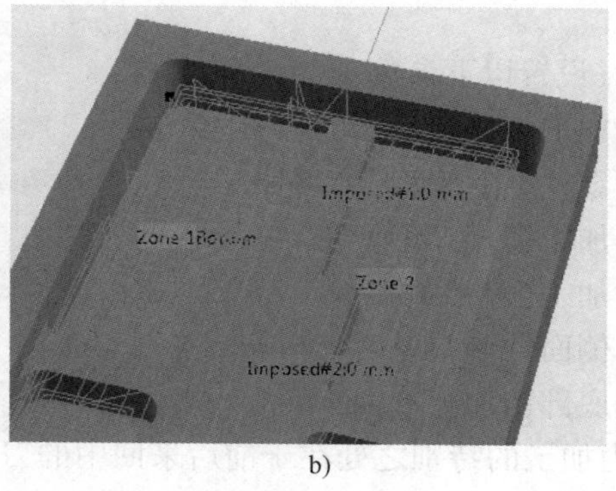

b)

图 5-9　刀具轮廓通过率设置操作示意图

（8）转至“HSM”选项卡，并确保已选定“高速铣削”复选框。刀具路径形成圆角，以提供加工速度更快的更平滑路径。

5.3 创建多凹槽侧面轮廓操作

可以使用多凹槽侧面轮廓，对显示多个凹槽并带有明显视图方向的零件进行加工。

（1）在操作栏的曲面加工部分中，单击“多型腔侧刃轮廓铣削”。

此加工操作专用于加工显示多个凹槽并带有明显视图方向的零件，如图 5-10 所示。多凹槽侧面轮廓不适用于此零件，因为它没有明显的视图方向。一个多型腔侧刃轮廓铣削实体将添加至制造计划。在“几何图形”选项卡中打开“多凹槽侧面轮廓”对话框。

（2）在“几何图形”选项卡中：

1）在“上下文敏感”图标中单击“零件”，然后选择要加工的零件。

2）在工作区域中任意位置双击，以便验证选择并返回主对话框。

3）单击“驱动”并选择深蓝色的面（见图 5-11）。

4）单击“底部”并选择紫色零件底部（见图 5-11）。

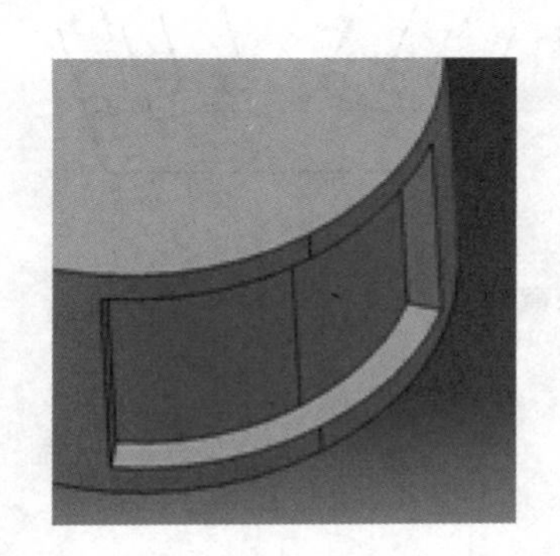

图 5-10 多凹槽并带明显视图方向的零件

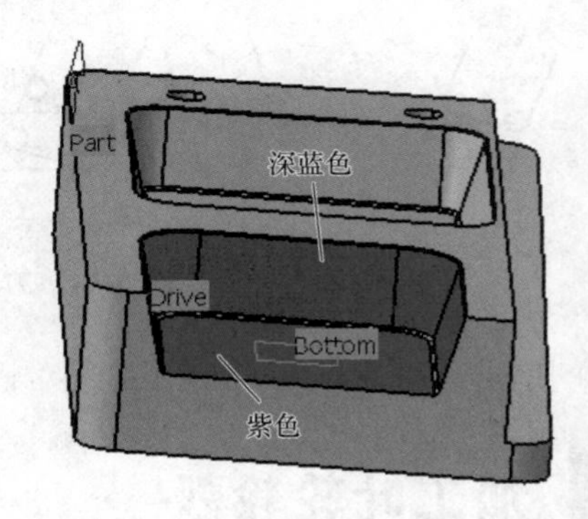

图 5-11 定义“几何图形”选项卡操作示意图

5）在“面选择”工具栏中单击“确定”，以便验证选择并返回主对话框。

（3）转至“跨越”选项卡，设置轨迹之间的距离和轨迹数量。

（4）转至“刀具”选项卡选择“刀具”。

（5）单击“刀具路径重放”以检查加工操作的有效性，此时将计算并显示刀具轨迹。

（6）添加驱动模块示意图如图 5-12 所示。

单击“刀具路径重放”以检查加工操作的有效性。将计算并显示刀具路径，ZLevel 类路径的计算如下：

1）刀路按 ZLevel 类策略计算（一个刀轴沿视图方向），并将零件、检查和限制线考虑在内，如图 5-13 所示。

2）刀具沿驱动装置（以蓝色表示）滚动，如图 5-14a 所示。从前一个位置开始，刀具围绕接触点旋转，以使其变得与驱动装置相切。

3）刀具接触到底部（以蓝色表示），如图 5-14b 所示。如果需要底部精加工，刀具将在最后一个路径中接触到底部。

图 5-12 添加驱动模块示意图

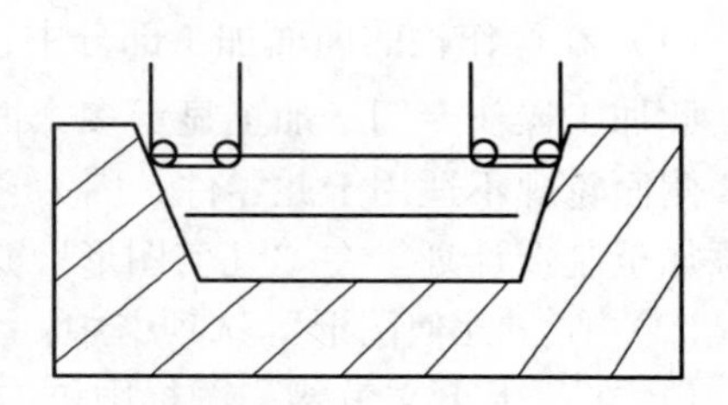

图 5-13 刀轴视图

4）最后一步，多轨迹和链式管理，如图 5-14c 所示。

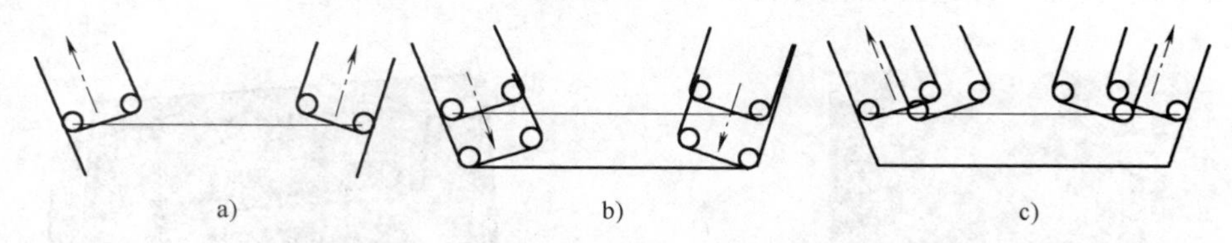

图 5-14 刀具路径计算操作示意图

（7）单击“确定”以验证并退出对话框。

5.4 加工叶轮轮毂

可以在此扇区中使用可行的分离器在两个叶片之间加工叶轮的扇区。可以通过复制-变换生成整个刀具路径。

可选择零件（以避免在其上发生碰撞）、轮毂的面、两个叶片的面、分离器的面（如果有）。

将刀具路径策略定义为粗加工或精加工。应用偏移，定义级别或级别之间的距离（粗加工）。定义粗加工级别的策略。仅需执行粗加工或精加工。当存在多个分离器时，可以加工上部区域（两个叶片之间）或下部区域（第一个叶片和分离器之间，分离器和第二个叶片之间）。

（1）在操作栏的曲面加工部分中，单击“叶轮轮毂加工”。“叶轮轮毂加工”对话框直接在“几何图形”选项卡中显示。

（2）在“几何图形”选项卡中：

1）在“上下文敏感”图标中单击“零件”，然后选择要加工的“零件”。

2）在工作区域中双击任意位置，以便验证选择并返回主对话框。

（3）单击垂直箭头，然后选择一个方向。

此方向是旋转轴。如果旋转轴附加到要加工的零件，则它会自动选中。

1）右击箭头并选择从零件中获取轴以检索它。

2）检查旋转轴是否被指定在敏感图标中。如果不是这种情况，在3D区域中单击其展示，并在显示的对话框中编辑它。

（4）单击轮毂区域并选择表示轮毂的面。

（5）单击首个叶片的每个区域以选择相应的几何图形。

1）一组表示叶片的面。

2）一组表示轮毂和叶片之间边界的引导线。

3）一组表示叶片顶部的引导线。

（6）重复使用第二个叶片区域。如果有，重复使用分离器区域。

（7）可选：定义叶轮上的偏移（应用到整个叶轮）和叶片/分离器上的径向偏移（如果有，仅在叶片和分离器上应用）。叶片/分离器上的径向偏移始终大于或等于叶轮上的偏移。

如果修改叶轮上的偏移，则也会相应地修改叶片/分离器上的径向偏移。

（8）转至“策略”选项卡以选择加工类型：粗加工或精加工。轮毂叶轮的加工始终分为两步：先粗加工，然后精加工。完成粗加工后，可从“几何图形”选项卡列表选择对应的特征，以在不重新定义所有参数的情况下执行精加工。根据选择，相应的选项卡变得可用。

（9）根据需要，输入加工参数、粗加工参数或精加工参数。

（10）转至“刀具”选项卡选择“刀具”。

（11）转至“进给和速度”选项卡以指定用于加工操作的进给速度和主轴速度。

圆角中无进给速度降低。

（12）转至“宏”选项卡以指定加工操作转换路径（如进刀和退刀动作）。

（13）单击“刀具路径重放”以检查加工操作的有效性。

1）系统将计算刀具路径。

2）系统将显示进度指示器。

3）在100%完成之前可以随时取消刀具路径计算。

5.5 创建多轴扫掠操作

介绍如何创建多轴扫掠操作，如铣削操作，其中刀具轨迹在平行平面上执行，并遵循用户定义的几何图形限制和加工策略参数。

5.5.1 使用导程和倾斜创建多轴扫掠操作

可以使用导程和倾斜刀轴模式来创建多轴扫掠操作。刀轴针对向前刀具动作中的既定导程角（alpha）以及此向前动作垂直方向的既定倾斜角（beta）与零件曲面垂直。

（1）在操作栏的曲面加工部分中，单击“多轴扫掠”选项卡。一个多轴扫掠实体将添加至制造计划。对话框将在“几何图形”选项卡中打开。

（2）在“几何图形”选项卡中，定义几何图形：

1）在图标的“零件上下文”菜单中选择“选择面”，然后在工作区域中选择所需的面。图标的零件曲面现在为绿色，表示此几何图形现在已定义。

2）在图标中单击橙色检查曲面，然后在工作区域中选择所需的检查元素。

3）在图标中双击检查上的偏移，并在出现的“编辑参数”对话框中输入一个值，然后单击“确定”按钮，对话框将相应更新。

（3）转至“策略”选项卡以指定以下参数：

1）加工。

① 刀具路径形式（如双向切削）。

② 加工公差。

③ 最大离散步长。

④ 最大离散化角度。

2）径向。

① 步距（如残料高度）。

② 扇形高度。

③ 跨越侧面。

3）刀轴。

① 刀轴模式设置为导程和倾斜。

② 导程角。

③ 倾斜角。

（4）定义加工操作的引导平面。

1）单击“视图方向箭头（V）”，然后设置方向。

2）单击“起始方向箭头（S）”，然后设置方向。

（5）在对话框中单击“预览”，以便验证已指定的参数。出现的消息框将提供关于此验证的反馈。

（6）转至“刀具”选项卡选择刀具。

（7）转至“进给和速度”选项卡以指定用于加工操作的进给速度和主轴速度。

（8）转至“宏”选项卡以指定加工操作转换路径（如进刀和退刀动作）。

（9）单击“刀具路径重放”以检查加工操作的有效性。

1）系统将计算刀具路径。

2）系统将显示进度指示器。

3）在100%完成之前可以随时取消刀具路径计算。

（10）在“刀具路径重放”对话框中单击“确定”按钮，然后在主对话框中再次单击“确定”按钮以创建加工操作。此时将创建刀具轨迹。

5.5.2 使用固定轴创建多轴扫掠操作

可以使用导程和倾斜刀轴模式来创建多轴扫掠操作。导程角和倾斜角都是常量。

（1）在操作栏的曲面加工部分中，单击“多轴扫掠”。一个多轴扫掠实体将添加至制造计划。对话框将在“几何图形” 选项卡中打开。

（2）在“几何图形”选项卡中，在图标的“零件上下文”菜单中选择“选择面”，然后在工作区域中选择所需的面。图标的零件曲面现在为绿色，表示此几何图形现在已定义。

（3）转至“策略” 选项卡以指定以下参数：

1）加工。

① 刀具路径形式（如双向切削）。

② 加工公差。

③ 最大离散步长。

④ 最大离散化角度。

2）径向。

① 步距（如残料高度）。

② 扇形高度。

③ 跨越侧面。

3）刀轴模式设置为固定轴。

（4）定义加工操作的引导平面：

1）单击“刀轴箭头（A）”，然后选择“零件曲面”。曲面法线将用作刀轴。

2）单击“视图方向箭头（V）”，然后选择“零件曲面”。曲面法线将用作视图方向。

3）单击“开始方向箭头（S）”，然后设置方向。

（5）转至“刀具” 选项卡选择刀具。

（6）转至“进给和速度” 选项卡以指定用于加工操作的进给速度和主轴速度。

（7）转至“宏” 选项卡以指定加工操作转换路径（如进刀和退刀动作）。

（8）单击“刀具路径重放” 以检查加工操作的有效性。

1）系统将计算刀具路径。

2）系统将显示进度指示器。

3）在100%完成之前可以随时取消刀具路径计算。

在“刀具路径重放”对话框中单击“确定”按钮，然后在主对话框中再次单击“确定”按钮以创建加工操作。此时将创建刀具轨迹。

5.5.3 创建穿过某点的多轴扫掠操作

可以创建穿过某个点的多轴扫掠操作，使刀轴穿过指定的点。

（1）在操作栏的曲面加工部分中，单击“多轴扫掠” 。一个多轴扫掠实体将添加至制造计划。将在“几何图形” 选项卡中打开对话框。

（2）在“几何图形”选项卡中，在图标的“零件上下文”菜单中选择“选择面”，然后在工作区域中选择所需的面。图标的零件曲面现在为绿色，表示此几何图形现在已定义。

（3）转至“策略” 选项卡以指定以下参数：

1）加工。

① 刀具路径形式（如双向切削）。

② 加工公差。

③ 最大离散步长。

④ 最大离散化角度。

2）径向。

① 步距（如残料高度）。

② 扇形高度。

③ 跨越侧面。

3）将刀轴模式设置为通过点。

（4）在“上下文敏感”图标中：

1）选择红色点符号，然后选择所需的轴点。

2）如有必要，将条件从“至”更改为“自”。

（5）定义加工操作的方向：

1）单击“视图方向箭头（V）”，然后选择零件曲面。曲面法线将用作视图方向。

2）单击“起始方向箭头（S）”，然后设置方向。

（6）转至“刀具”选项卡选择刀具。

（7）转至“进给和速度”选项卡以指定用于加工操作的进给速度和主轴速度。

（8）转至“宏”选项卡以指定操作转换轨迹（如接近和缩回动作）。

（9）单击“刀具路径重放”以检查加工操作的有效性。

1）系统将计算刀具路径。

2）系统将显示进度指示器。

3）在100%完成之前可以随时取消刀具路径计算。

（10）在“刀具路径重放”对话框中单击“确定”按钮，然后在主对话框中再次单击“确定”按钮以创建加工操作。此时将创建刀具轨迹。

5.5.4 使用垂直于线条创建多轴扫掠操作

可以使用垂直于线条刀轴模式来创建多轴扫掠操作。刀轴穿过指定的曲线，并在所有点与此曲线垂直。刀轴可以定向为“至线”或“自线”。

（1）在操作栏的曲面加工部分中，单击“多轴扫掠”。一个多轴扫掠实体将添加至制造计划。将在“几何图形”选项卡中打开对话框。

（2）在“几何图形”选项卡中，在图标的零件上下文菜单中选择“选择面”，然后在工作区域中选择所需的面。图标的零件曲面现在为绿色，表示此几何图形现在已定义。

（3）转至“策略”选项卡以指定以下参数：

1）加工。

① 刀具路径形式（如双向切削）。

② 加工公差。

③ 最大离散步长。

④ 最大离散化角度。

2）径向。

① 步距（如残料高度）。

② 扇形高度。

③ 跨越侧面。

3）刀轴模式设置为与直线垂直。

（4）在“上下文敏感”图标中进行以下操作。

1）选择红色线条符号，然后选择所需的轴线，如图 5-15 所示。

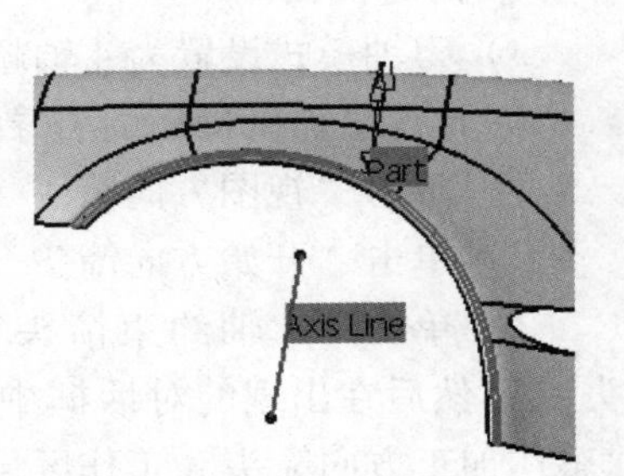

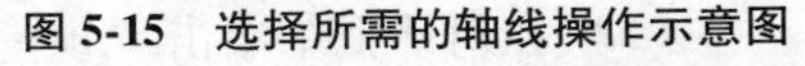
图 5-15　选择所需的轴线操作示意图

2）如有必要，将条件从“至”更改为“自”。

（5）定义加工操作的方向：

1）单击“视图方向箭头（V）”，然后选择零件曲面，曲面法线将用作视图方向。

2）单击“开始方向箭头（S）”，然后设置方向。

（6）选择一种刀具。

（7）转至“刀具”选项卡选择刀具。

（8）转至“进给和速度”选项卡以指定用于加工操作的进给速度和主轴速度。

（9）转至“宏”选项卡以指定加工操作转换路径（如进刀和退刀动作）。

（10）单击“刀具路径重放”以检查加工操作的有效性。

1）系统将计算刀具路径。

2）系统将显示进度指示器。

3）在 100%完成之前可以随时取消刀具路径计算。

（11）在“刀具路径重放”对话框中单击“确定”按钮，然后在主对话框中再次单击“确定”按钮以创建加工操作，此时将创建刀具轨迹。

5.5.5　使用 4 轴导程/延迟创建多轴扫掠操作

可以使用 4 轴导程/延迟刀轴模式来创建多轴扫掠。刀轴针对向前方向中的既定导程角以及指定平面约束，与零件曲面垂直。

（1）在操作栏的曲面加工部分中，单击“多轴扫掠”选项卡。一个多轴扫掠实体将添加至制造计划。将在“几何图形”选项卡中打开对话框。

（2）在“几何图形”选项卡中，在图标的“零件上下文”菜单中选择“选择面”，然后在工作区域中选择所需的面。图标的零件曲面为绿色，表示此几何图形现在已定义。

（3）转至“策略”选项卡以指定以下参数：

1）加工。

① 刀具路径形式（如双向切削）。

② 加工公差。

③ 最大离散步长。

④ 最大离散化角度。

2）径向。

① 步距（如残料高度）。

② 扇形高度。

③ 跨越侧面。

3）刀轴模式设置为 4 轴超前/滞后。

（4）定义加工操作的引导平面：

1）单击“视图方向箭头（V）”，然后选择零件曲面，曲面法线将用作视图方向。

2）单击“开始方向箭头（S）”，然后设置方向。

3）单击“4 轴约束箭头（工作区域中的 N，或上下文敏感图标中与平面垂直的箭头）”，然后在出现的对话框中设置此方向。它与刀轴受到约束的平面垂直。还可以单击“整体加工方向箭头（工作区域中的 M）”，以便反转此方向。

（5）在对话框中单击“预览”，以便验证已指定的参数。出现的消息框将提供关于此验证的反馈。

（6）转至“刀具”选项卡选择刀具。

（7）转至“进给和速度”选项卡以指定用于加工操作的进给速度和主轴速度。

（8）转至“宏”选项卡以指定加工操作转换路径（如进刀和退刀动作）。

（9）单击“刀具路径重放”以检查加工操作的有效性。

1）系统将计算刀具路径。

2）系统将显示进度指示器。

3）在 100%完成之前可以随时取消刀具路径计算。

（10）在“刀具路径重放”对话框中单击“确定”按钮，然后在主对话框中再次单击“确定”按钮以创建加工操作，此时将创建刀具轨迹。

5.5.6 使用优化导程创建多轴扫掠操作

可以使用优化导程来创建多轴扫掠操作。刀轴可以在允许范围内与指定导程角有所不同。

（1）在操作栏的曲面加工部分中，单击“多轴扫掠”选项卡。一个多轴扫掠实体将添加至制造计划。将在“几何图形”选项卡中打开对话框。

（2）在“几何图形”选项卡中，在图标的“零件上下文”菜单中选择“选择面”，然后在工作区域中选择所需的面。图标的零件曲面为绿色，表示此几何图形现在已定义。

（3）转至“策略”选项卡以指定以下参数：

1）加工。

① 刀具路径形式（如双向切削）。

② 加工公差。

③ 最大离散步长。

④ 最大离散化角度。

2）径向。

① 步距（如残料高度）。

② 扇形高度。

③ 跨越侧面。

3）刀轴。

① 刀轴模式设置为优化导程。

② 最小导程角。

③ 最大导程角。

④ 最小后跟距离。

（4）定义加工操作的引导平面：

1）单击“视图方向箭头（V）”，然后选择零件曲面，曲面法线将用作视图方向。

2）单击“开始方向箭头（S）”，然后设置方向。

（5）在对话框中单击“预览”，以便验证已指定的参数。出现的消息框将提供关于此验证的反馈。

（6）转至“刀具”选项卡选择刀具。

（7）转至“进给和速度”选项卡以指定用于加工操作的进给速度和主轴速度。

（8）转至“宏”选项卡以指定加工操作转换路径（如进刀和退刀动作）。

（9）单击“刀具路径重放”以检查加工操作的有效性。

1）系统将计算刀具路径。

2）系统将显示进度指示器。

3）在 100%完成之前可以随时取消刀具路径计算。

（10）在“刀具路径重放”对话框中单击“确定”按钮，然后在主对话框中再次单击“确定”按钮以创建加工操作，此时将创建刀具轨迹。

5.6 创建多轴轮廓驱动操作

介绍了如何创建多轴轮廓驱动加工操作，如铣削操作，其中刀具沿轮廓驱动，并遵循用户定义的几何图形限制和加工策略参数。

5.6.1 在轮廓之间创建多轴轮廓驱动操作

可以在轮廓之间创建多轴轮廓驱动操作。刀具在引导轮廓之间扫掠。

（1）在操作栏的曲面加工部分中，单击“多轴轮廓驱动”选项卡。一个多轴轮廓驱动实体将添加至制造计划。对话框将在“几何图形”选项卡中打开。

（2）单击图标中的红色区域并在该工作区域中选择“零件”。图标的零件曲面为绿色，表示此几何图形现在已定义。

（3）转至“策略”选项卡以指定以下参数：

1）引导策略设置为轮廓之间。

2）加工。

① 刀具路径形式（如双向切削）。

② 加工公差。

③ 最大离散步长。

④ 最大离散化角度。

3）径向。

① 步距（如残料高度）。

② 扇形高度。

③ 引导线 1 上的位置。

④ 引导线 1 上的偏移。

⑤ 引导线 2 上的位置。

⑥ 引导线 2 上的偏移。

4）刀轴。

① 刀轴模式（如导程和倾斜）。

② 导向。

③ 导程角。

④ 倾斜角。

（4）单击“视图方向箭头（V）”，然后选择“零件曲面”，曲面法线将用作视图方向。

（5）定义引导线 1。

1）在“上下文敏感”图标中单击红色的引导线 1 曲线，然后在模型中选择第一条引导曲线。

2）转至“半径”选项卡，针对此曲线来定位刀具：内部、外部或之上。

3）如果需要，指定偏差。

（6）对引导线 2 重复此步骤。

（7）转至“刀具”选项卡选择刀具。

（8）转至“进给和速度”选项卡以指定用于加工操作的进给速度和主轴速度。

（9）转至“宏”选项卡以指定加工操作转换路径（如进刀和退刀动作）。

（10）单击“刀具路径重放”以检查加工操作的有效性。

1）系统将计算刀具路径。

2）系统将显示进度指示器。

3）在 100%完成之前可以随时取消刀具路径计算。

（11）在“刀具路径重放”对话框中单击“确定”，然后在主对话框中再次单击“确定”以创建加工操作，此时将创建刀具轨迹。

5.6.2 使用平行轮廓来创建多轴轮廓驱动操作

可以使用平行轮廓来创建多轴轮廓驱动操作。刀具将跟随与参考轮廓平行的轮廓来扫掠出某个区域。

（1）在操作栏的曲面加工部分中，单击“多轴轮廓驱动”。一个多轴轮廓驱动实体将添加至制造计划。对话框将在“几何图形”选项卡中打开。

（2）单击图标中的红色区域并在该工作区域中选择零件。图标的零件曲面为绿色，表示此几何图形现在已定义。

（3）转至“策略” 选项卡以指定以下参数：

1）引导策略设置为平行轮廓。

2）加工。

① 刀具路径形式（如双向切削）。

② 加工公差。

③ 最大离散步长。

④ 最大离散化角度。

3）策略。

① 轮廓上的偏差。

② 要加工的最大宽度。

③ 跨越侧面。

④ 方向。

4）刀轴。

① 刀轴模式。

② 导向。

③ 导程角。

④ 倾斜角。

（4）单击“视图方向箭头（V）”，然后选择“零件曲面”，曲面法线将用作视图方向。

（5）在“上下文敏感”图标中单击红色的引导线 1 曲线，然后在模型中选择引导曲线。

（6）转至“刀具” 选项卡选择刀具。

（7）转至“进给和速度” 选项卡以指定用于加工操作的进给速度和主轴速度。

（8）转至“宏” 选项卡以指定加工操作转换路径（如进刀和退刀动作）。

（9）单击“刀具路径重放” 以检查加工操作的有效性。

1）系统将计算刀具路径。

2）系统将显示进度指示器。

3）在 100%完成之前可以随时取消刀具路径计算。

（10）在“刀具路径重放”对话框中单击“确定”，然后在主对话框中再次单击“确定”以创建加工操作，此时将创建刀具轨迹。

5.6.3　使用脊线轮廓来创建多轴轮廓驱动操作

可以使用脊线轮廓来创建多轴轮廓驱动操作。刀具将在垂直平面上扫掠穿过轮廓。

（1）在操作栏的曲面加工部分中，单击“多轴轮廓驱动” 。一个多轴轮廓驱动实体将添加至制造计划。对话框将在“几何图形” 选项卡中打开。

（2）转至“策略” 选项卡以指定以下参数：

1）引导策略设置为脊线轮廓。

2）加工。

① 刀具路径形式（如双向切削）。

② 加工公差。

③ 最大离散步长。

④ 最大离散化角度。

3）径向。

① 步距（如残料高度）。

② 扇形高度。

4）刀轴。

① 刀轴模式。

② 导向。

③ 导程角。

④ 倾斜角。

（3）单击“视图方向箭头（V）”，然后选择零件曲面，曲面法线将用作视图方向。

（4）在“上下文敏感”图标中单击“红色的引导线 1 曲线”，然后在模型中选择“引导曲线”。

（5）转至“刀具”选项卡选择刀具。

（6）转至“进给和速度”选项卡以指定用于加工操作的进给速度和主轴速度。

（7）转至“宏”选项卡以指定加工操作转换路径（如进刀和退刀动作）。

（8）单击“刀具路径重放”以检查加工操作的有效性。

1）系统将计算刀具路径。

2）系统将显示进度指示器。

3）在 100%完成之前可以随时取消刀具路径计算。

（9）在“刀具路径重放”对话框中单击“确定”，然后在主对话框中再次单击“确定”以创建加工操作，此时将创建刀具轨迹。

5.7 创建多轴螺线铣削操作

可以使用多轴螺线铣削来加工凹槽或雕刻复杂曲面。

（1）在操作栏的曲面加工部分中，单击“多轴螺旋铣削”。一个多轴螺旋铣削实体将添加至制造计划。对话框将在“几何图形”选项卡中打开。

（2）在“几何图形”选项卡中：

1）单击代表待加工零件的红色区域，对话框将会消失，选择零件。在工作区域中双击任意位置，以便验证选择并返回对话框。

2）单击代表引导面的区域。对话框将消失，可以选择引导面。在工作区域中双击任意位置，以便验证选择并返回对话框。

（3）转至“策略”选项卡，以便在“HSM”选项卡中选择“高速铣削”复选框。

（4）转至“刀具” 选项卡选择刀具。

（5）转至“进给和速度” 选项卡以指定用于加工操作的进给速度和主轴速度。

（6）转至“宏” 选项卡以指定加工操作转换路径（如进刀和退刀动作）。

（7）单击“刀具路径重放” 以检查加工操作的有效性。

1）系统将计算刀具路径。

2）系统将显示进度指示器。

3）在 100%完成之前可以随时取消刀具路径计算。

（8）在“刀具路径重放”对话框中单击“确定”，然后在主对话框中再次单击“确定”以创建加工操作，此时将创建刀具轨迹。

5.8 创建多轴侧面轮廓操作

5.8.1 在几何形展开模式中创建多轴侧面轮廓操作

在创建多轴侧面轮廓操作时，可以使刀轴在几何形展开模式中引导。

（1）在操作栏的曲面加工部分中，单击“多轴侧面轮廓铣削” 。一个多轴侧面轮廓实体将添加至制造计划。在“几何图形” 选项卡中打开“多轴侧面轮廓”对话框。“上下文敏感”图标的零件、驱动装置和开始/停止区域将标为红色，表示需要使用此几何图形。

（2）在“几何图形”选项卡中。

1）单击图标中的红色零件曲面，然后在工作区域中选择所需的曲面和驱动装置（驱动装置 1~5）。

2）单击图标中的开始和停止区域，然后在工作区域中选择所需的限制元素。选择几何图形之后，图标曲面为绿色，表示此几何图形现在已定义，如图 5-16 所示。

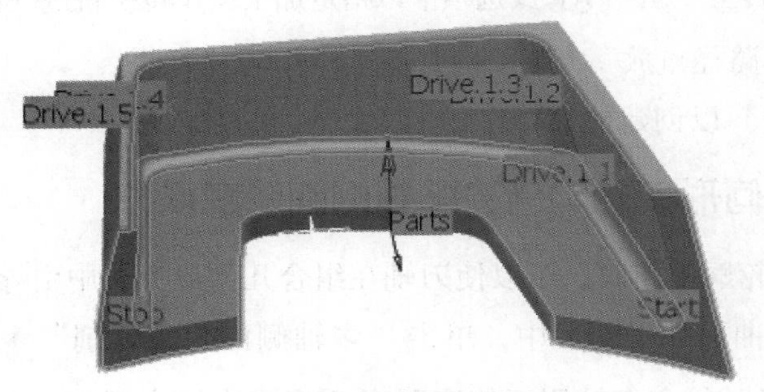

图 5-16 图标曲面为绿色示意图

（3）转至“策略” 选项卡以指定加工操作的参数。

1）“引导策略”设置为“脊线轮廓”。

2）加工。

① 加工公差。

② 最大离散步长。

③ 最大离散化角度。
④ 不要选择闭合刀具路径。
⑤ 步长间的最大距离。
⑥ 手动定向（如自动）。
⑦ 轴向策略。
a. 模式设置为按偏移。
b. 路径之间的距离。
c. 级别数。
3）刀轴。
① 导向设置为正切展开。
② 接触高度。
③ 倾斜角。
④ 导程角。
⑤ 不要选择使用刀具参数控制扇形。
⑥ 引导曲线上的位置（如自动）。
⑦ 引导曲线上的偏差。
⑧ 使用引导曲线设置为如果需要。
在此示例中，不需要使用精加工参数、高速铣削（HSM）参数和切割器补偿参数。

（4）在对话框中单击“预览”，以便验证已指定的参数。出现的消息框将提供关于此验证的反馈。

（5）转至“工具”选项卡以指定一个 16mm 的球端铣刀。

（6）如有需要，转至“进给和速度”选项卡以指定用于加工操作的进给速度和主轴速度。否则将使用默认值。

（7）如有需要，转至“宏”选项卡以指定加工操作转换轨迹（如进刀和退刀动作）。

（8）单击“刀具路径重放”以检查加工操作的有效性。

（9）单击“确定”以创建加工操作。

5.8.2 在组合几何形模式中创建多轴侧面轮廓操作

在创建多轴侧面轮廓操作时，可以使刀轴在组合几何形模式中引导。

（1）在操作栏的曲面加工部分中，单击“多轴侧面轮廓铣削”。一个多轴侧面轮廓实体将添加至制造计划。“多轴侧面轮廓”对话框将直接出现在“几何图形”选项卡中。“上下文敏感”图标的零件、驱动装置和开始/停止区域将标为红色，表示需要使用此几何图形。其他所有几何图形均为可选。

（2）在“几何图形”选项卡中：
1）单击图标中的红色零件曲面，然后在工作区域中选择所需的曲面。
2）单击图标中的红色零件曲面，然后在工作区域中选择所需的驱动装置（驱动装置 1）。
3）单击图标中的开始和停止区域，然后在工作区域中选择所需的限制元素。图标曲面着为绿色，表示此几何图形现在已定义。在图 5-17 中，驱动装置以浅蓝色显示，停止和启动以深蓝色显示。

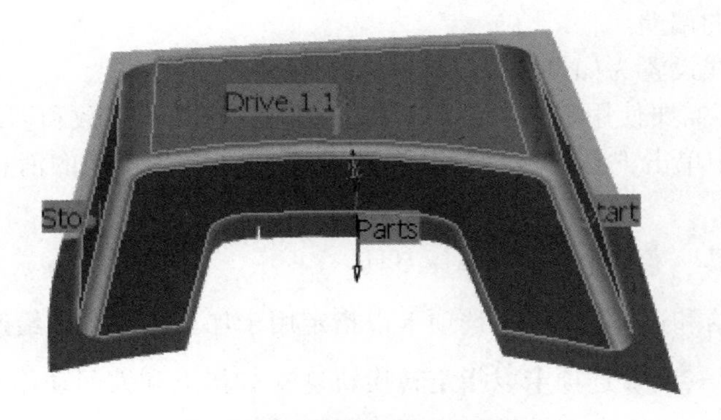

图 5-17　图标曲面为蓝色示意图

（3）转至“策略”选项卡以指定加工操作的参数。

1）引导策略设置为脊线轮廓。

2）加工。

① 加工公差。

② 最大离散步长。

③ 最大离散化角度。

④ 不要选择闭合刀具路径。

⑤ 步长间的最大距离。

⑥ 手动定向（如自动）。

3）跨越。

① 刀具路径形式（如单向切削）。

② 排序设置为先径向。

③ 径向策略。

a. 路径间的最大距离。

b. 路径数量。

④ 轴。

a. 模式设置为按偏移。

b. 步长之间的距离。

c. 级别数。

4）刀轴。

① 导向设置为组合正切。

② 接触高度。

③ 倾斜角。

④ 导程角。

⑤ 退出展开距离。

⑥ 接近展示距离。

⑦ 不要选择使用刀具参数控制扇形。

⑧ 引导曲线上的位置设置为自动。

⑨ 引导曲线上的偏差。

⑩ 使用引导曲线设置为如果需要。

在此示例中，不需要使用精加工参数、高速铣削（HSM）参数和切割器补偿参数。

（4）在对话框中单击“预览”，以便验证已指定的参数。出现的消息框将提供关于此验证的反馈。

（5）转至“刀具”选项卡选择刀具。

（6）转至“进给和速度”选项卡以指定用于加工操作的进给速度和主轴速度。

（7）转至“宏”选项卡以指定转换轨迹（如接近和缩回动作）。

（8）单击“刀具路径重放”以检查加工操作的有效性。

（9）单击“确定”以创建加工操作。

5.8.3 将局部修改应用于多轴侧面轮廓操作

创建多轴侧面轮廓操作之后，可以对其进行局部修改，该操作在几何形展开模式中全局创建。然后可能使用几何形引导策略、不同的偏差和4轴约束对第一个和最后一个驱动装置进行局部修改。

（1）在操作栏的曲面加工部分中，单击“多轴侧面轮廓铣削”。一个多轴侧面轮廓实体将添加至制造计划。在“几何图形”选项卡中打开“多轴侧面轮廓”对话框。“上下文敏感”图标的零件、驱动装置和开始/停止区域将标为红色，表示需要使用此几何图形。其他所有几何图形均为可选。

（2）在“几何图形”选项卡中。

1）选择零件曲面。

2）选择驱动装置曲面（驱动装置1~驱动装置5），可以手动选择，也可以使用面向导功能来选择。

3）选择起始和停止限制元素。

4）为驱动装置曲面设置1mm偏差。零件上将提示选定的几何图形。在图5-18中，驱动装置为浅蓝色，停止和启动为深蓝色。

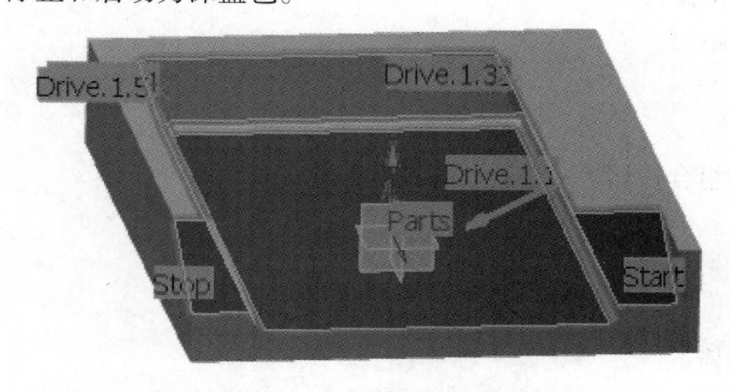

图5-18　驱动装置曲面设置示意图

（3）转至“刀具”选项卡并选择刀具。

（4）转至“策略”选项卡以指定几何形展开刀轴导引。其他策略参数可以保留为默认值。还可以使用默认的“进给和速度”以及“NC 宏”选项。

（5）单击“刀具路径重放”以检查加工操作的有效性。

（6）在“几何图形”选项卡的“上下文敏感”图标中右击驱动装置曲面区域，然后选择局部修改，此时将出现“局部驱动装置曲面”对话框。

（7）修改第一个驱动装置：

1）双击“线条 1”。此时将出现“局部驱动装置曲面 1”对话框。

2）添加 2mm 的偏差。将“刀具轴导引”更改为“几何形”。

3）单击“确定”。此时将出现“局部驱动曲面”对话框，其中包含局部修改。

几何形刀轴导引仅作为局部模式存在。

（8）双击对应于最后一个驱动装置的“线条 5”，然后以相同的方式进行修改。

（9）转至“刀具”选项卡选择刀具。

（10）单击“刀具路径重放”以检查修改的有效性。在第一和最后一个驱动装置上，几何形将替换几何形展开。

（11）在“策略”选项卡中单击 4 轴约束符号（可选 4X 平面），然后选择一条边线。4 轴约束只能在与零件垂直和几何形刀轴导引模式中应用。

（12）在“局部驱动装置 1”和“局部驱动装置 5”对话框中，选择“启用 4 轴”复选框。“局部驱动曲面”对话框将会更新。

（13）单击“刀具路径重放”以检查加工操作的有效性。4 轴约束将应用于第一和最后一个驱动装置。

（14）双击“线条 3”。在出现的“局部驱动装置曲面 3”对话框中将局部减慢率修改为 90%，然后单击“确定”。“局部驱动曲面”对话框将会更新。

（15）单击“刀具路径重放”以检查修改的有效性。

局部减速可以与“进给和速度”选项卡中的转角时进给速度减少设置结合使用。进给速度降低将应用于第三个驱动装置。

（16）单击“确定”以创建加工操作。

5.8.4　使用不同实体上的不相邻驱动装置来创建多轴侧面轮廓

可以在驱动装置曲面不相邻时创建多轴侧面轮廓操作。本例中，将使用位于两个不同实体上的驱动装置曲面，以及由附加几何图形（用于桥接缝隙）定义的一个驱动装置曲面。

（1）在操作栏的曲面加工部分中，单击“多轴侧面轮廓铣削”。一个多轴侧面轮廓实体将添加至制造计划。在“几何图形”选项卡中打开“多轴侧面轮廓”对话框。上下文敏感图标的零件、驱动装置和开始/停止区域将标为红色，表示需要使用此几何图形。其他所有几何图形均为可选。

（2）在“几何图形”选项卡中：

1）选择零件曲面（如灰色实体的下方）。

2）选择起始和停止限制元素。

3）选择位于蓝色实体侧翼的第一个驱动装置，并选择位于灰色实体侧翼的第二个驱动装置。这些驱动装置不相邻：它们属于不同的实体。必须在不相邻的驱动装置上定义停止和重新启动条件。驱动装置上显示的箭头将指明每个相邻截面的方向。

（3）确保这些箭头定向为朝外。

无论何时需要提示驱动装置选择的方向，都会出现箭头。必须确保它们正确定向。

（4）在“几何图形”选项卡中，右击“上下文敏感”图标中的驱动装置曲面区域，然后选择“局部修改”。此时将出现“局部驱动装置曲面”对话框。

（5）修改第一个驱动装置：

1）双击“线条 1”。此时将出现“局部驱动装置曲面 1”对话框。

2）将停止条件设置为“至”。

3）单击≫以访问“局部驱动装置曲面 2”对话框。

4）将重新启动方向设置为“向左”。“局部驱动曲面”对话框将会更新。

5）在“局部驱动曲面”对话框中右击，以便访问一些上下文命令。

6）列顺序和列过滤器，用于管理信息列。

7）属性，用于访问“所定局部驱动装置”的对话框。

8）重置，用于重置列表中的“驱动装置选择”。

9）复制、剪切和粘贴，用于管理“局部驱动装置”的列表。

（6）转至“刀具”选项卡选择“刀具”。

（7）单击“刀具路径重放”以检查加工操作的有效性。

（8）单击“确定”以创建加工操作。

5.9 创建多轴曲线加工操作

这些任务介绍了如何创建多轴曲线加工操作，如铣削操作，其中刀具侧面、顶端或接触点沿曲线驱动，并遵循用户定义的几何图形限制和加工策略参数。

5.9.1 创建接触曲线加工操作

可以在接触模式中创建多轴曲线加工操作。

（1）在操作栏的曲面加工部分中，单击“多轴曲面加工”。一个多轴曲线加工实体将添加至制造计划。对话框将在“几何图形”选项卡中打开。

（2）在“几何图形”选项卡中，将曲线加工模式设置为接触以驱动接触点。

（3）在“几何图形”选项卡中，定义几何图形：

1）在“上下文敏感”图标中单击红色零件，然后在工作区域中选择面。

2）单击图标中的“红色引导元素”，然后在工作区域中选择“边线”，如图 5-19 所示。

将为每组轮廓边线创建一条引导线，可接受非连续引导线。图标的零件和引导元素现在着为绿色，表示此几何图形现在已定义。零件中也将予以同样的提示，确保代表零件曲面方向的箭头全部向上。

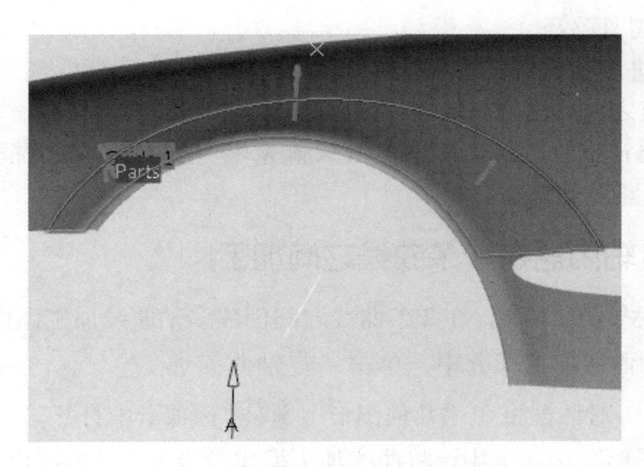

图 5-19　面和边线选择示意图

（4）转至“策略”选项卡以指定以下参数：

1）加工。

① 刀具路径形式（如双向切削）。

② 加工公差。

③ 切削方向设置为顺向。

④ 排序设置为先径向（按线段）。

⑤ 最大离散步长。

⑥ 最大离散化角度。

⑦ 轮廓加工类型设置为圆形。

⑧ 强制轮廓设置为无。

⑨ 闭合轮廓重叠（%）设置为 50。

2）径向。

① 路径之间的距离。

② 路径数量。

3）轴。

① 最大切割深度。

② 级别数。

4）精加工。模式设置为无精铣刀路。

5）刀轴模式设置为导程和倾斜。

（5）转至“刀具”选项卡选择刀具。

（6）转至“进给和速度”选项卡以指定用于加工操作的进给速度和主轴速度。

（7）转至“宏”选项卡以指定加工操作转换路径（如进刀和退刀动作）。如果两条曲线之间的转换小于刀具半径，则不会执行间隙宏。刀具将继续直行，并跨过曲线之间的缝隙。

（8）单击“刀具路径重放”以检查加工操作的有效性。

1）系统将计算刀具路径。

2）系统将显示进度指示器。

3）在100%完成之前可以随时取消刀具路径计算。

（9）在“刀具路径重放”对话框中单击“确定”，然后在主对话框中再次单击以创建加工操作，此时将创建刀具轨迹。

5.9.2 使用工具轴内插在2条曲线之间加工

可以使用内插模式中的刀轴，在2条曲线之间创建多轴曲线加工操作。

（1）在操作栏的曲面加工部分中，单击“多轴曲面加工”。一个多轴曲线加工实体将添加至制造计划。对话框将在“几何图形”选项卡中打开。

（2）在“几何图形”选项卡中，将曲线加工模式设置为2条曲线之间以驱动接触点。

（3）在“几何图形”选项卡中，定义几何图形：

1）在“上下文敏感”图标中，单击面以将曲线加工类型设置为顶端以驱动刀具的端点。

2）单击图标中的顶部引导曲线，然后在工作区域中选择边线，如图5-20所示。图标的引导元素现在着为绿色，表示此几何图形现在已定义。零件中也将予以同样的提示。

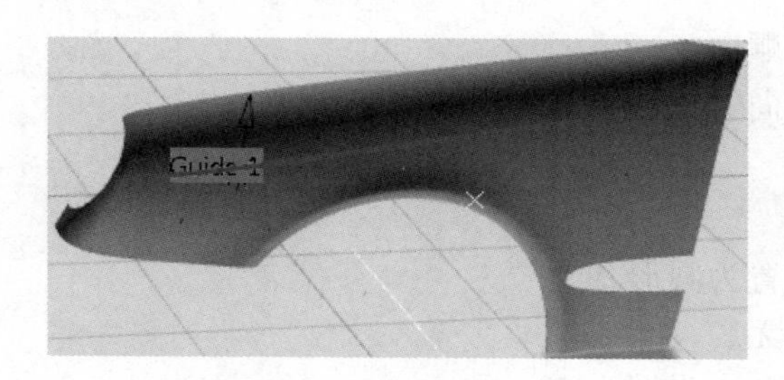

图5-20 边线选择示意图

（4）转至“策略”选项卡以指定以下参数：

1）加工。

① 刀具路径形式设置为双向切削。

② 加工公差。

③ 切削方向设置为顺向。

④ 排序设置为先径向（按线段）。

⑤ 最大离散步长。

⑥ 最大离散化角度。

⑦ 轮廓加工类型设置为圆形。

⑧ 强制轮廓设置为无。

⑨ 闭合轮廓重叠（%）设置为50。

2）径向。

① 路径之间的距离。

② 路径数量。

3）轴。

① 最大切割深度。

② 级别数。

4）精加工。模式设置为无精铣刀路。

5）刀轴模式设置为内插。

（5）在“上下文敏感”图标中单击“刀具参考轴箭头（A）”，然后指定加工操作的参考刀轴方向。可以通过选择曲面来执行此操作。在此情况下，将使用曲面法线。

（6）在“上下文敏感”图标中单击其中一个红色内插轴。此时将显示“内插轴”对话框。

1）单击 以添加内插向量：此时将出现“内插轴”对话框。在工作区域中进行挑选，以提示此新内插向量的位置。将出现其轴定义对话框。完成之后，在对话框中单击“确定”。内插向量显示在工作区域中。创建所需数量的内插向量，它们将在对话框中列出，附带其位置、方向和状态。在对话框中挑选一个向量，其突出显示在工作区域中。

2）单击 以移除在对话框中选定的内插向量。

3）单击 以编辑在对话框中选定的内插向量。

① 此时将显示轴定义对话框。选中“显示刀具”复选框以在其实际位置显示刀具。

② 一旦选定了显示刀具，检查干涉就会变得可用。单击即可开始检查干涉。它们将在整个刀具总成与零件（如果有）之间检查。

a. 如果未找到干涉，左侧的指示灯将变为绿色。

b. 如果找到干涉，左侧的指示灯则会变为红色。如果刀具与碰撞曲面发生相交，则会变为红色。

如果加工操作参数不一致，检查干涉将不会变得可用。

（7）转至“刀具” 选项卡选择刀具。

（8）转至“进给和速度” 选项卡以指定用于加工操作的进给速度和主轴速度。

（9）转至“宏” 选项卡以指定加工操作转换路径（如进刀和退刀动作）。

（10）单击“刀具路径重放” 以检查加工操作的有效性。

1）系统将计算刀具路径。

2）系统将显示进度指示器。

3）在 100%完成之前可以随时取消刀具路径计算。

（11）在“刀具路径重放”对话框中单击“确定”，然后在主对话框中再次单击“确定”以创建加工操作。此时将创建刀具轨迹。

5.9.3　使用相切轴导引在 2 条曲线之间加工

可以使用相切刀轴，在 2 条曲线之间创建多轴曲线加工操作。

（1）在操作栏的曲面加工部分中，单击“多轴曲面加工” 。一个多轴曲线加工实体将添加至制造计划。对话框将在“几何图形” 选项卡中打开。

（2）在“几何图形”选项卡中，将曲线加工模式设置为 2 条曲线之间以驱动接触点。

（3）在“几何图形”选项卡中，单击图标中的顶部引导曲线。在出现的边线向导的选项对话框 中，将链接类型设置为插入直线，然后选择零件上的边线。

“插入链接”选项使边线之间的任何缝隙都能得到填充。

（4）在“几何图形”选项卡中，将曲线加工类型设置为侧面以驱动刀具侧面。

（5）转至“策略” 选项卡以指定以下参数：

1）加工。

① 刀具路径形式设置为双向切削。

② 加工公差。

③ 切削方向设置为顺向。

④ 排序设置为先径向（按线段）。

⑤ 最大离散步长。

⑥ 最大离散化角度。

⑦ 轮廓加工类型设置为圆形。

⑧ 强制轮廓设置为无。

⑨ 闭合轮廓重叠（%）。

2）径向。

① 路径之间的距离。

② 路径数量。

3）轴。

① 最大切割深度。

② 级别数。

4）刀轴。

① 刀轴模式设置为切线轴。

② 模式设置为沿规则方向。

③ 允许的导程设置为30°。

④ 扇形距离设置为1000mm。

（6）单击图标中的“上下文敏感驱动装置元素”，然后在工作区域中选择驱动装置曲面。工作区域中将显示默认参考刀轴。

在加工一条（或一组）面时，将通过面的等参数线来推断刀轴，以便确保轨迹的连续性。

（7）如果需要，在“上下文敏感”图标中单击“刀轴箭头（A）”，然后指定一个不同的刀轴方向。可以通过选择曲面来执行此操作。在此情况下，将使用曲面法线。

（8）转至“刀具” 选项卡选择刀具。

（9）转至“进给和速度” 选项卡以指定用于加工操作的进给速度和主轴速度。

（10）转至“宏” 选项卡以指定加工操作转换路径（如进刀和退刀动作）。

（11）单击“刀具路径重放” 以检查加工操作的有效性。

1）系统将计算刀具路径。

2）系统将显示进度指示器。

3）在 100%完成之前可以随时取消刀具路径计算。

（12）在“刀具路径重放”对话框中单击“确定”，然后在主对话框中再次单击以创建加工操作。此时将创建刀具轨迹。

5.9.4 在曲线与零件之间加工

可以在曲线与零件之间创建多轴曲线加工操作。

（1）在操作栏的曲面加工部分中，单击“多轴曲面加工”。一个多轴曲线加工实体将添加至制造计划。对话框将在“几何图形”选项卡中打开。

（2）在“几何图形”选项卡中，将曲线加工模式设置为曲线与零件之间。

（3）在“几何图形”选项卡中，将曲线加工类型设置为侧面以驱动刀具侧面。

（4）在“几何图形”选项卡中，定义几何图形。

1）在图标中单击红色底部，然后在工作区域中选择面。

2）单击图标中的顶部引导曲线，然后在工作区域中选择边线。图标的零件和引导元素为绿色，表示此几何图形现在已定义。零件中也将予以同样的提示。

（5）转至“策略”选项卡以指定以下参数：

1）加工。

① 刀具路径形式设置为双向切削。

② 加工公差。

③ 切削方向设置为顺向。

④ 排序设置为先径向（按线段）。

⑤ 最大离散步长。

⑥ 最大离散化角度。

⑦ 轮廓类型（如圆形）。

⑧ 强制轮廓设置为无。

⑨ 闭合轮廓重叠（%）设置为 50。

2）径向。

① 路径之间的距离。

② 路径数量。

3）轴、级别数。

4）精加工，模式设置为无精铣刀路。

5）刀轴模式设置为内插。

（6）在“上下文敏感”图标中单击“刀具参考轴箭头（A）”，然后指定加工操作的参考刀轴方向。可以通过选择曲面来执行此操作。在此情况下，将使用曲面法线。

（7）修改内插轴：

1）在“上下文敏感”图标中单击其中一个红色内插轴，此时将显示“内插轴”对话框。

2）单击以添加内插向量。此时将出现“内插轴”对话框。

3）在工作区域中进行挑选，以提示此新内插向量的位置。此时将出现“其轴定义”对话框。

4）完成之后，在对话框中单击“确定”。

5）创建所需数量的内插向量。它们将在对话框中列出，附带其位置、方向和状态。

6）在对话框中挑选一个向量，其突出显示在工作区域中。

7）单击 以移除在对话框中选定的内插向量。

8）单击 以编辑在对话框中选定的内插向量。此时将显示轴定义对话框。

9）选中显示刀具复选框以在其实际位置显示刀具。一旦选定了显示刀具，检查干涉就会变得可用。

如果加工操作参数不一致，检查干涉将不会变得可用。

10）单击即可开始检查干涉。它们将在整个刀具总成与零件（如果有）之间检查。

① 如果未找到干涉，左侧的指示灯将变为绿色。

② 如果找到干涉，左侧的指示灯则会变为红色。如果刀具与碰撞曲面发生相交，则会变为红色。

（8）转至“刀具” 选项卡选择刀具。

（9）转至“进给和速度” 选项卡以指定用于加工操作的进给速度和主轴速度。

（10）转至“宏” 选项卡以指定加工操作转换路径（如进刀和退刀动作）。

（11）单击“刀具路径重放” 以检查加工操作的有效性。

1）系统将计算刀具路径。

2）系统将显示进度指示器。

3）在100%完成之前可以随时取消刀具路径计算。

（12）在“刀具路径重放”对话框中单击“确定”，然后在主对话框中再次单击“确定”以创建加工操作，此时将创建刀具轨迹。

5.10 创建多轴螺旋加工操作

5.10.1 在导程和倾斜模式中创建多轴螺旋加工操作

可以生成一个螺旋刀具轨迹，以便使用多轴螺旋加工来铣削整个涡轮机械刀片。

（1）在操作栏的曲面加工部分中，单击“多轴螺旋加工” 。一个螺旋加工实体将添加至制造计划。在“几何图形” 选项卡中打开“多轴螺旋加工”对话框。“上下文敏感”图标的零件曲面、上下轮廓以及前缘和后缘将着为红色，表示需要使用此几何图形，必须选定。上下轮廓以及前缘和后缘必须在选定为零件曲面的面上。紧固件几何图形为可选。

（2）在“几何图形”选项卡中单击图标中的红色零件曲面，然后在工作区域中选择要加工的面。此时将出现“面向导”工具栏，帮助选择面或面带。在本例中，必须选择4个面：前部面、后部面和两个侧面。

面必须具有连续性：面之间有缝隙可能会导致错误的刀具路径。

（3）在“几何图形”选项卡中，选择上下轮廓。此时将出现“边线向导”工具栏，可以帮助选择这些轮廓。

它们必须是闭合的轮廓。

（4）在“几何图形”选项卡中，选择前缘和后缘以定义加工限制。此时将出现“边线向导”工具栏，可以帮助选择这些轮廓，如图 5-21 所示。

它们必须与上下轮廓相交。图标的几何图形实体现在着为绿色，表示此几何图形现在已定义。

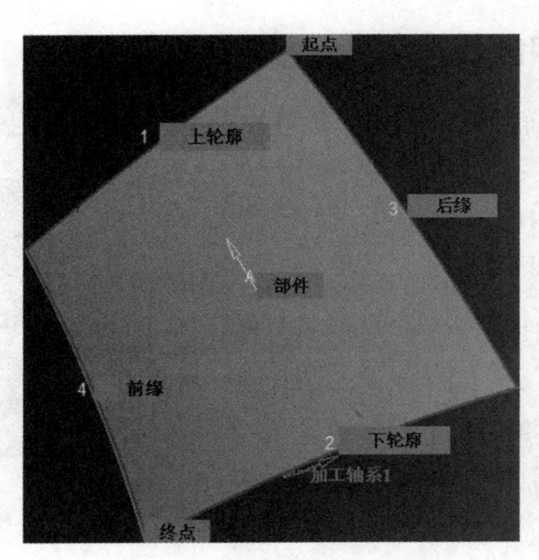

图 5-21　轮廓选择示意图

（5）转至“策略”选项卡，然后指定一个开始或停止点：在“上下文敏感”图标中单击某个点符号，选择零件曲面上的一个点。

（6）指定加工操作的参数。

1）加工。

① 切削方向设置为顺向。

② 加工公差。

③ 最大离散步长。

④ 最大离散化角度。

2）径向。

① 步距设置为转动次数。

② 转数。

③ 跳转路径设置为无。

3）刀轴。

① 刀轴模式设置为导程和倾斜。

② 导向设置为固定导程和倾斜。

③ 导程角。

④ 倾斜角。

（7）在对话框中单击“预览”，以便验证已指定的参数。出现的消息框将提供关于此验证的反馈。

（8）转至“刀具” 选项卡选择刀具。

（9）转至“供给和速度” 选项卡以指定用于加工操作的供给和速度参数。

（10）转至“宏” 选项卡以指定加工操作转换路径（如进刀和退刀动作）。

（11）单击“刀具路径重放” 以检查加工操作的有效性。

（12）单击“确定”以创建加工操作。

5.10.2 在内插模式中创建多轴螺旋加工操作

可以创建一个螺旋刀具轨迹以铣削叶盘刀片，同时避免与相邻的刀片发生碰撞。

以下过程介绍了如何在不与两个相邻刀片发生碰撞的情况下，加工如图 5-22 所示的零件中间（绿色）刀片。

图 5-22 内插多轴螺旋加工结果示意图

（1）在操作栏的曲面加工部分中，单击“多轴螺旋加工” 。一个螺旋加工实体将添加至制造计划。在“几何图形” 选项卡中打开“多轴螺旋加工”对话框。“上下文敏感”图标的零件曲面、上下轮廓以及前缘和后缘将着为红色，表示需要使用此几何图形，必须选定。上下轮廓以及前缘和后缘必须在选定为零件曲面的面上。检查元素（如相邻刀片或紧固件）的选择是可选操作。

（2）在“几何图形”选项卡中单击图标中的红色零件曲面，然后在工作区域中选择要加工的面。此时将出现“面向导”工具栏，可以帮助选择这些面。在本例中，必须选择 4 个面：前部面、后部面、前导面和尾随面。

这些面必须具有连续性。面之间的缝隙可能会导致错误的刀具轨迹。

（3）在“几何图形”选项卡中，选择“上下轮廓”。此时将出现“边线向导”工具栏，可以帮助选择这些轮廓。

它们必须是闭合的轮廓。

（4）在“几何图形”选项卡中，选择前缘和后缘以定义加工限制，此时出现“边线向导”工具栏，可以帮助选择这些轮廓，如图 5-23 所示。

它们必须与上下轮廓相交。图标的几何图形实体着为绿色，表示此几何图形现在已定义。在此阶段，确保取消激活“几何图形”选项卡中的“碰撞检查”选项。

（5）转至“工具” 选项卡以选择一种刀具，如具有以下特性的精浆机刀具。

（6）转至“策略” 选项卡，将刀轴模式设置为内插。选择一个起点，先在“上下文敏感”图标中单击一个点符号，然后在零件曲面上选择任意点。

（7）在“上下文敏感”图标中单击其中一个内插轴符号。零件的四个边角上将显示默认内插轴（I. 1 ~ I. 4）。此时显示“内插轴”对话框。所有内插向量均会列出，并带有位置、方向和状态，如图 5-24 所示。

（8）在“内插轴”对话框中：

1）在对话框中挑选一个向量，其突出显示在工作区域中。

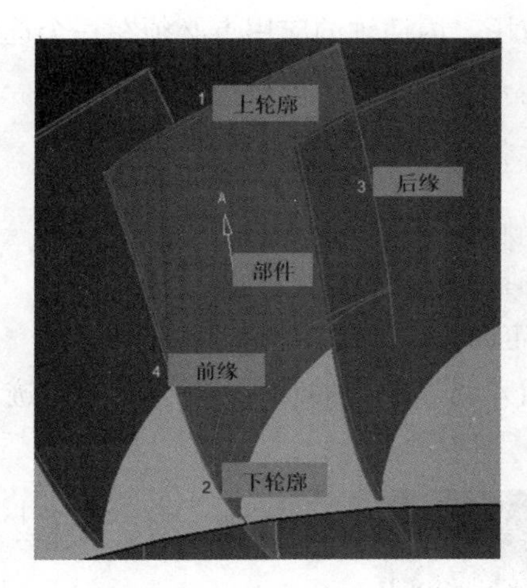

图 5-23　轮廓选择示意图

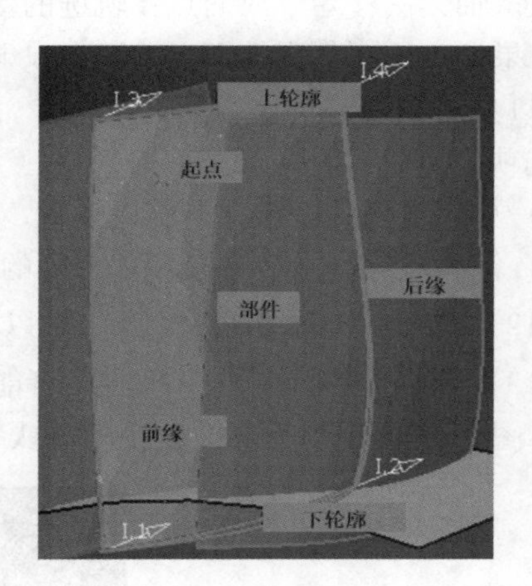

图 5-24　显示内插轴示意图

2）单击 以添加内插向量，此时将出现“内插轴”对话框。

3）在工作区域中进行挑选，以提示此新内插向量的位置。此时将出现其轴定义对话框。

4）完成之后，在对话框中单击“确定”。

5）单击 以移除在对话框中选定的内插向量。

6）单击 以编辑在对话框中选定的内插向量。此时将显示轴定义对话框。

7）定义内插轴后，在对话框中单击“确定”。

（9）指定加工操作的参数。

1）加工。

① 切削方向设置为逆向。

② 加工公差。

③ 最大离散步长。

④ 最大离散化角度。

2）径向。

① 步距设置为转动次数。

② 转数。

③ 跳转路径设置为无。

（10）单击“刀具路径重放” 以检查刀具是否可以在轨迹的每个点上定位。

1）如果刀具无法在轨迹的每个点上定位，调整默认的内插轴（可能还需要插入附加的内插轴），直至满足此条件。

2）添加附加轴：在“策略”选项卡中单击其中一个插补轴符号，然后在零件上选择一个现有点或挑选零件上的任意位置。

3）删除附加轴：右击该轴，然后选择“移除上下文”菜单项。要删除所有附加轴：在“策略”选项卡中右击其中一个插补轴符号，选择“移除所有附加轴上下文”菜单项。

默认轴无法移除。内插点在轨迹的接触点上应用。内插轴的应用点必须在一个选定的面上。如果该点不在选定的面上，则会投射至零件上。这样可能会造成不想要的结果。

（11）一旦刀具可以在轨迹的每个点上定位，在“几何图形”选项卡中选择“碰撞检查”选项。

1）如果检测到碰撞，调整内插轴，直至刀具轨迹不存在碰撞。

2）消除碰撞之后，选择相邻刀片的面作为检查曲面。

（12）单击“刀具路径重放” 以检查与选定面的碰撞情况。

（13）如果需要，调整内插轴（可能还需要插入附加的内插轴），直至刀具轨迹不存在碰撞。图 5-25 所示为无碰撞轨迹的默认和附加内插轴示例。

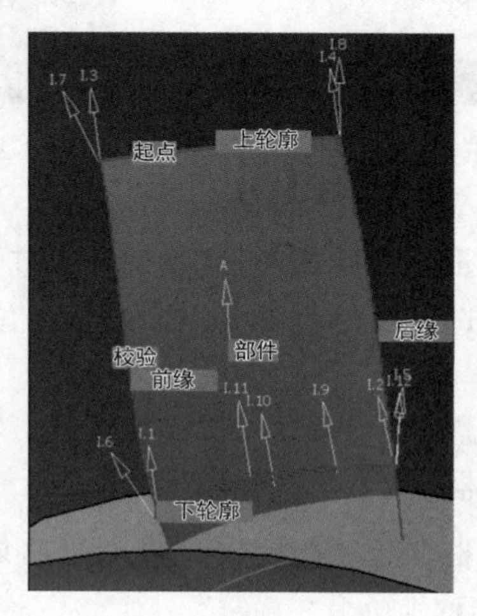

图 5-25　无碰撞轨迹的默认和附加内插轴示例

相应的数据见表 5-1。

表 5-1　无碰撞轨迹的默认和附加内插轴相应的数据

轴	应用点坐标	内插轴向量
1	相交点	$u=0.224917$，$v=0.0174524$，$w=0.974222$
2	相交点	$u=0.292194$，$v=-0.0348995$，$w=0.955722$
3	相交点	$u=0.15643$，$v=0$，$w=0.987688$
4	相交点	$u=0.308264$，$v=0.0697565$，$w=0.94874$
5	$x=-20.8009$，$y=18.814$，$z=192.1$	$u=-0.0688977$，$v=0.156434$，$w=0.985282$
6	$x=23.0488$，$y=-11.0264$，$z=192.676$	$u=0.103351$，$v=-0.529919$，$w=0.841727$
7	$x=12.9556$，$y=-22.0174$，$z=252$	$u=0$，$v=-0.45399$，$w=0.891007$
8	$x=-10.2918$，$y=16.9498$，$z=252$	$u=-0.069714$，$v=0.0348995$，$w=0.996956$
9	$x=-14.1239$，$y=9.91563$，$z=192.142$	$u=0.25878$，$v=-0.0174524$，$w=0.965779$
10	$x=-4.66894$，$y=1.32628$，$z=191.888$	$u=0.207785$，$v=-0.0348995$，$w=0.977552$
11	$x=-5.69227$，$y=-3.93598$，$z=192.877$	$u=0.0347667$，$v=-0.0871557$，$w=0.995588$
12	$x=-20.6779$，$y=19.1817$，$z=191.995$	$u=0.137059$，$v=0.173648$，$w=0.975224$

（14）单击“刀具路径重放” 以检查碰撞。

（15）单击“确定”以创建加工操作。

5.11 内插模式中创建无碰撞多轴螺旋加工操作

以下过程介绍了在内插模式下使用多轴螺旋加工时，如何创建无碰撞的刀具轨迹。此示例介绍如何在加工叶盘刀片时避免与相邻刀片发生碰撞的反复性流程。以下介绍的工作方法可以在与此类似的零件上使用。

此过程的步骤包括：执行初始选择和选项定义。选择内插轴并执行第一次重放。在零件上检查碰撞情况。在相邻刀片上检查碰撞情况。

在加工操作编辑器的“几何图形”选项卡中，定义必要的几何图形：

1）零件元素：前部面、后部面、前导面和尾随面。相切中的选定面必须具有连续性，以便确保刀具轨迹的质量良好。

2）四条限制曲线：上部闭合轮廓、下部闭合轮廓、前缘和后缘。选定的曲线必须在面上。

3）进入或退出螺旋点。

在此阶段不要选择任何检查元素，并确保在零件选项卡中取消激活碰撞检查选项。

（1）在“加工操作”编辑器的“刀具”选项卡中，为要加工的几何图形选择一种合适的刀具（如二次曲线球端铣刀）。

（2）在“加工操作”编辑器的“策略”选项卡中将刀轴模式设置为内插，然后设置其他参数（如转数等）。

（3）选择内插轴。在默认情况下，会在以下相交点设置四个内插轴：

1）上部轮廓与前缘之间。

2）下部轮廓与前缘之间。

3）上部轮廓与后缘之间。

4）下部轮廓与后缘之间。

（4）单击“刀具路径重放” 以检查刀具是否可以在轨迹的每个点上定位。

1）如果刀具无法在轨迹的每个点上定位，可能需要调整默认轴并/或插入附加内插轴。可以在刀片的面上插入任意数量的附加轴。

2）调整附加轴的方向。

内插点在轨迹的接触点上应用。内插轴的应用点必须在一个选定的面上。如果该点不在选定的面上，则会投射至零件上。这样可能会造成不想要的结果。另外记住，运行中创建的点没有关联性，因此最好不要通过此方法来创建点。

（5）单击“刀具路径重放” 以检查刀具是否可以在轨迹的每个点上定位。碰撞检查选项在“加工操作”编辑器的“几何图形”选项卡中取消激活，因此重放时不会执行碰撞检查。

1）如果刀具无法在轨迹的每个点上定位，应调整内插轴，直至满足此条件。

2）如果刀具可以在轨迹的每个点上定位，则开始检查与零件的碰撞。

（6）在“加工操作”编辑器的“几何图形”选项卡中，激活零件与刀具装配体之间的碰撞检查。

1）单击“刀具路径重放” 以检查碰撞。在此阶段中，由于没有选定的检查元素，因此只会在零件元素上执行碰撞检查。

2）如果在零件上检测到碰撞，调整内插轴，直至刀具轨迹不存在碰撞。

3）如果没有任何碰撞，则开始检查与相邻刀片的碰撞。

（7）在“加工操作”编辑器的“几何图形”选项卡中，选择检查元素：

1）选择所加工叶盘刀片正前方的刀片背面

2）选择所加工叶盘刀片正后方的刀片正面。

3）重放刀具轨迹以检查碰撞。现在，程序将检查刀具总成与零件和检查元素之间的碰撞情况。

4）如果检测到碰撞，调整内插轴，直至刀具轨迹不存在碰撞。

5）如果无任何碰撞，则可以保存多轴螺旋加工操作。

图 5-26 所示为需要默认和附加内插轴示例，以便获取图 5-27 中所示的无碰撞轨迹。

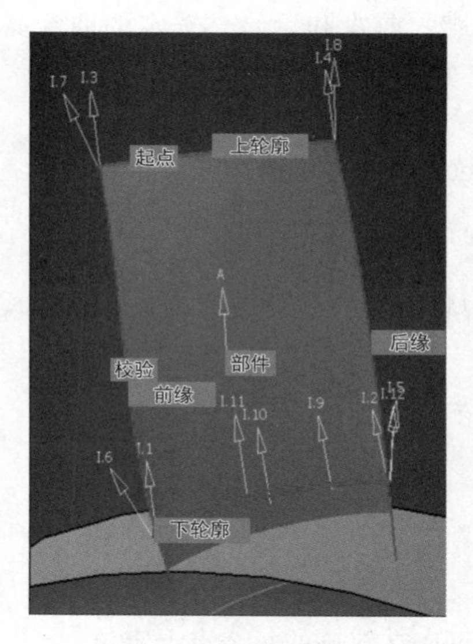

图 5-26　需要默认和附加内插轴示例（一）

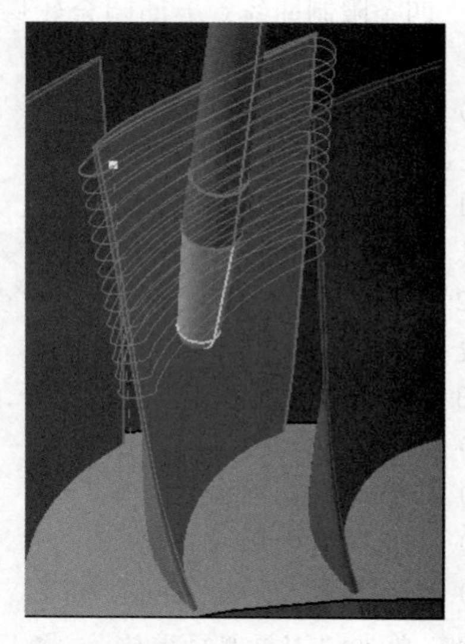

图 5-27　需要默认和附加内插轴示例（二）

5.12　综合实例

5.12.1　使用设置

1. 首选项设置

想要对 DELMIA 机床加工进行首选项设置，需要：

（1）选择“ME”>“首选项”。

（2）选择“加工”，在这里可以进行与机床加工有关的设置。

如无必须要求，最好保持默认设置。

2. 配置 NC

（1）双击“Multi-axis Machining”创建“PPR 上下文”。

（2）选择“工具条”>“设置”>“安装和导入资源”。

（3）打开导入的数据包，选择“M8.4”，此时铣床将插入 PPR 上下文中。

（4）导入制造产品。在导入制造产品之前，确保“工具条”>“设置”>“安装和导入资源”处于激活状态。

1）导入附件（一般指插入夹具）。

2）导入制造产品（指插入产品和毛坯）。

3）导入工具装配体（指导入刀具）。

4）线性行进限制框显示/隐藏。

5）可达性测试。

3. 导入制造产品、刀具

（1）选择“导入附件”>找到并选择想要导入的附件（夹具）>回到 PPR 上下文中选择安装位置。

（2）选择“导入制造产品”>找到并选择想要导入的制造产品>回到 PPR 上下文中选择“安装位置”，在这里“制造产品”的内部包含原坯料、设计零件和其他几何体。

（3）选择“导入制造产品”>找到并选择想要导入的刀具装配体>回到 PPR 上下文中自动选择安装位置（因为只有一个安装位置）>双击空白区域以确定。

4. 定义零件操作

当导入机床与制造产品后，便可以定义零件操作了。在该操作中可以定义原坯料、成品、加工坐标等。这是计算刀具路径的基础要素。

（1）在沉浸式浏览器区域选择“活动流程树”，如图 5-28 所示。

图 5-28　“活动流程树”选择示意图

（2）在“活动流程树”中双击“零件操作 1”。

（3）在打开的“零件操作 1”对话框中（见图 5-29），可以定义以下属性。

1）加工参考轴：代码中生成的所有输出均根据该加工轴系进行计算。

2）相关几何图形：选择“制造产品”。

3）设计零件：选择“制造产品”中代表成品的部分。

4）原坯料：选择“制造产品”中代表原料的部分。

定义零件操作是编写加工程序的基础。通俗来讲这一步是设定被加工的对象，即：加工谁（坯料），加工成什么样子（设计零件），工件坐标系在哪（加工坐标）等。

5.12.2 铣削操作的定义

加工操作定义的界面是类似的，如策略参数、几何图形参数、工具参数、进给速度和主轴速度参数、宏参数。此处以粗加工为例。

1. 策略参数

（1）可以在“策略参数”>“加工”中定义加工模式、刀具路径形式、切削模式等，主要用于定义刀具路径。图 5-30 所示为零件加工操作对话框界面。

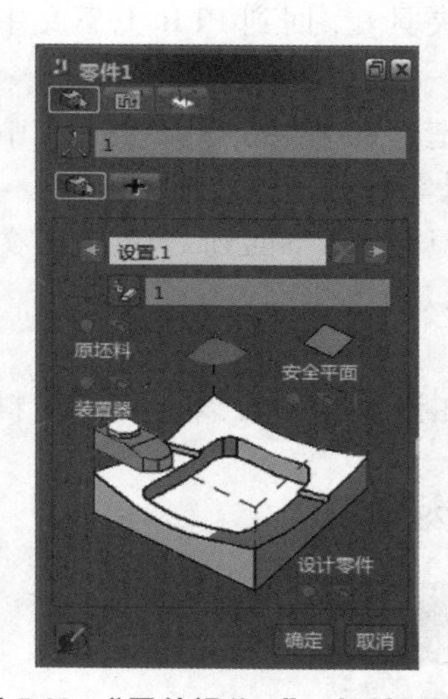

图 5-29 “零件操作 1”对话框界面

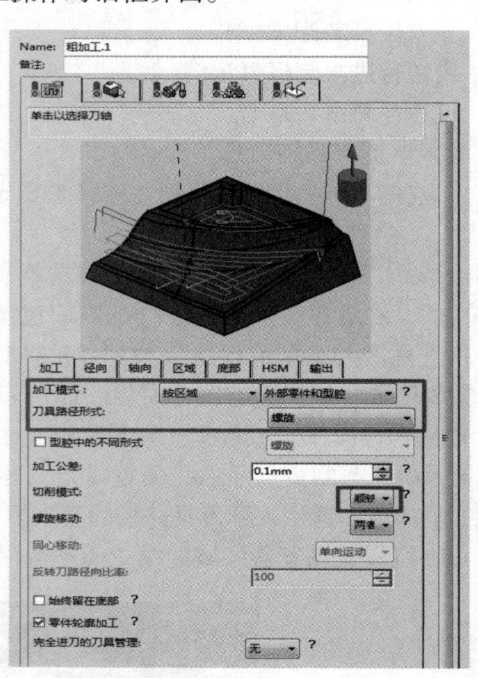

图 5-30 零件加工操作对话框界面

1）定义加工模式，经过组合共有 6 种模式。

2）定义刀具路径模式，选择不同的刀具路径模式会实时在上方提示框中显示。此处展现了螺旋与往复两种模式。

3）定义切削方向，顺铣或逆铣。

（2）可以在“策略参数”>“径向”中定义径向刀路的间距（见图 5-31）。

1）定义径向刀路间距的模式。

2）定义径向刀路的间距。

（3）可以在“策略参数”>“轴向”中定义轴向刀路的间距（见图 5-32）。

1）定义最大切削深度。

2）定义向上返工步骤。

2. 几何图形参数

在几何图形区域可以选择底面、顶面、轮廓以及设置它们的偏移量。在这个域，主要用于定义被加工的对象。操作对话框界面如图 5-33 所示，可以通过选择上面、下面以及侧面勾勒出要加工的区域，并可以通过偏移去微调它。

图 5-31　零件径向操作对话框界面

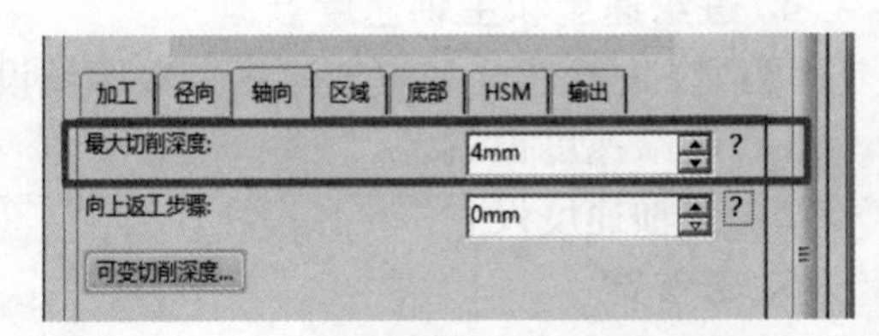

图 5-32　零件轴向操作对话框界面

1）顶面。

2）底面。

3）限制轮廓。

3. 工具参数

可以在工具参数区域选择本次加工所使用的刀具（见图 5-34）。

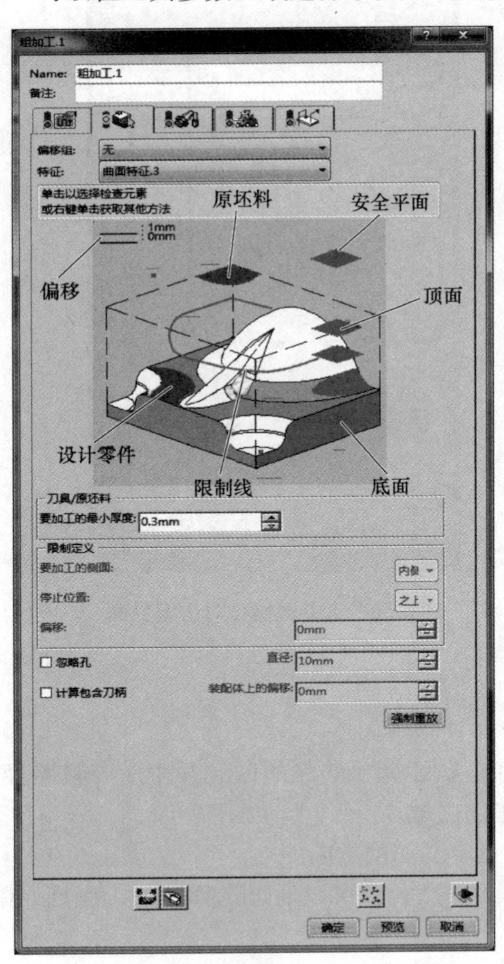

图 5-33　几何图形区域操作对话框界面

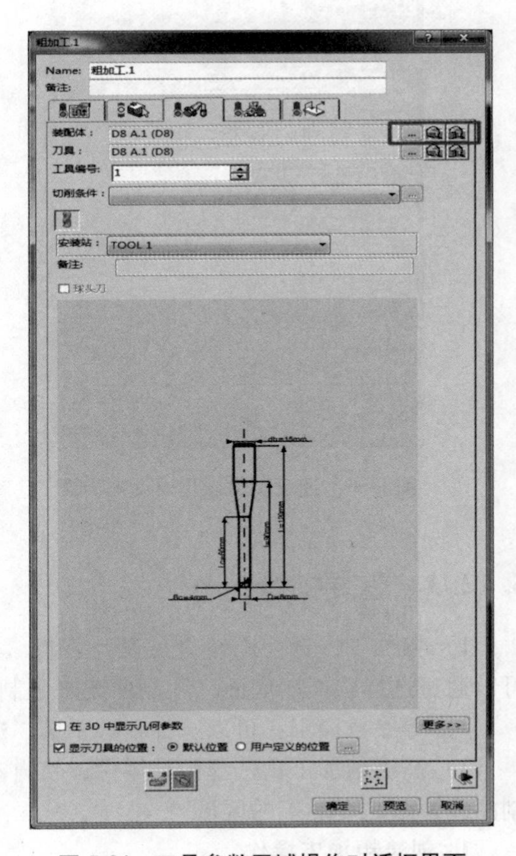

图 5-34　工具参数区域操作对话框界面

刀具的选择方法有 3 种：从当前加工单元选择，从参考目录中选择，从数据库中搜索。一般常用的是第一种方法。

4. 进给速度和主轴速度参数

可以在进给速度和主轴速度参数区域设置刀具的进给速度和主轴的速度（见图 5-35）。

1）进给速度设置。

2）主轴速度设置。

5. 宏参数

可以在宏参数区域设置 Automatic、预先动作、后期动作的样式（见图 5-36）。

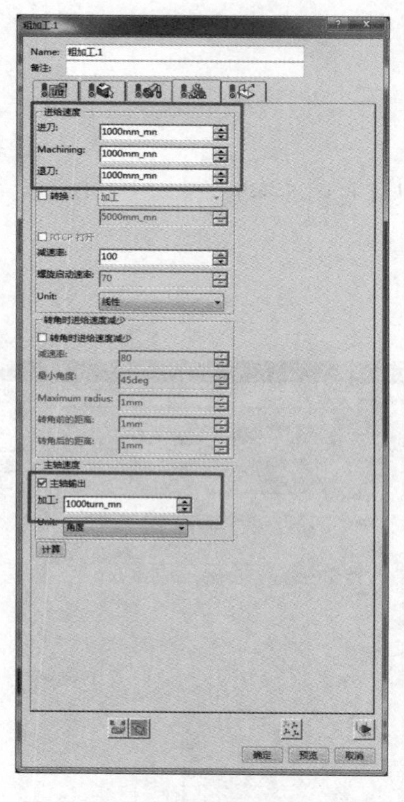

图 5-35　速度参数操作对话框界面

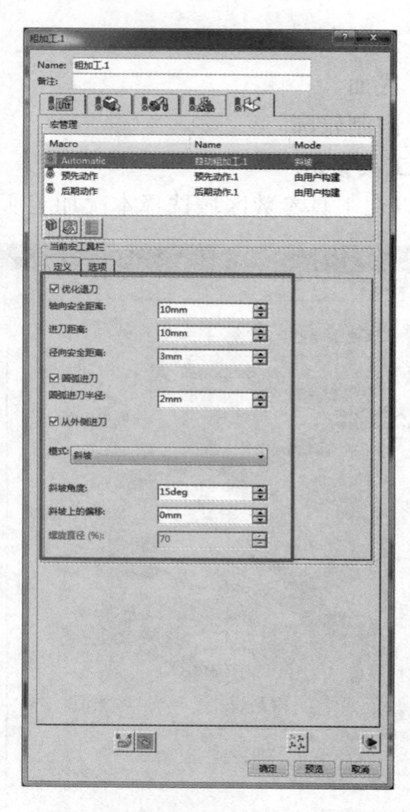

图 5-36　宏参数操作对话框界面

5.12.3　重要指令

1）粗加工：选择原坯料与设计零件。系统将自动计算要移除的区域并生成刀具路径。可以通过选择顶面、底面、限制曲线来限制要加工的区域。

2）等参数加工：可以选择目标平面。通过 4 点定义切削方向。

3）高级精加工：选择设计零件，将自动计算刀具路径，可以通过选择顶面、底面、限制曲线来限制要加工的区域。

1. 创建粗加工操作

（1）在“活动流程树”中选择制造程序，然后在工具条中选择“曲面加工”>“粗加工”。

（2）在弹出的对话窗口中修改名称和备注。

（3）在“策略参数”窗口修改参数。

1）设置加工模式：按区域，外部零件和型腔。

2）刀具路径形式设置为螺旋。

3）选择“加工”>切削方向设置为顺铣。

4）选择“径向”>模式设置为重叠比；选择径向>刀具直径比设置为 50。

5）选择“轴向”>模式设置为最大切削深度；选择轴向>最大切削深度为 4mm。

（4）在几何图形参数窗口中选择。

1）选择原坯料。

2）设计零件。

3）如果有需要，选择顶面、底面、限制曲线，并设置偏移。

（5）在刀具参数窗口中选择刀具。

（6）在进给速度和主轴速度参数窗口设置合适的数值。

（7）在宏参数窗口中。

1）将 Automatic、预先动作、后期动作 3 个宏全部激活。Automatic 设置如图 5-37 所示。

2）将预先动作、后期动作模式设置为由用户创建，选择添加轴向动作，长度均设置为 50mm。

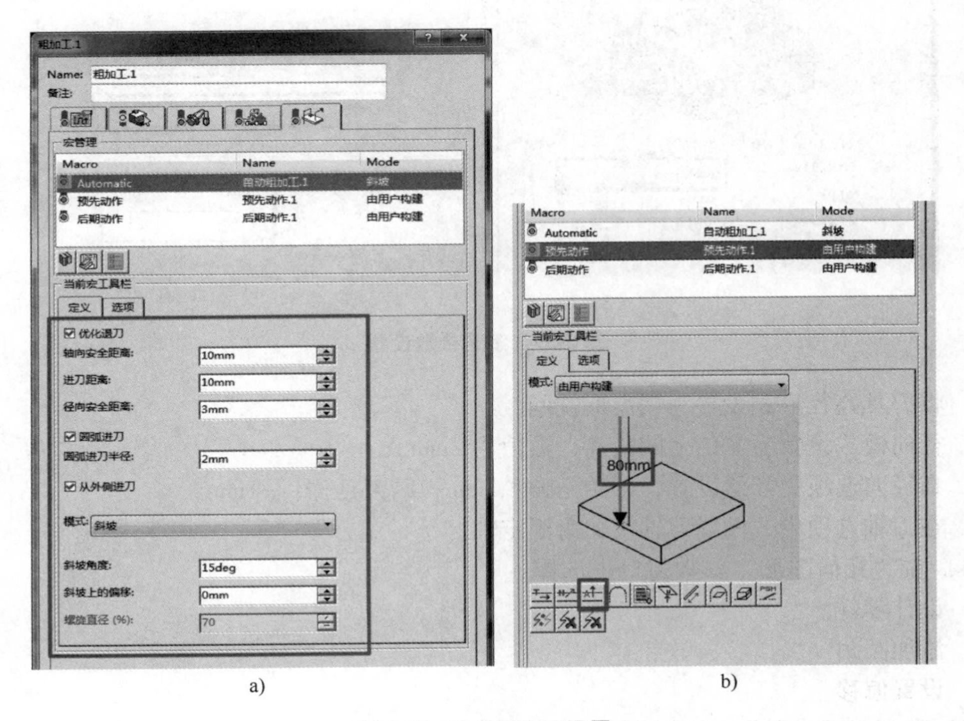

图 5-37　Automatic 设置

（8）观察到指示灯全部变为绿色（见图 5-38）便可以进行刀具路径的计算。

2. 创建等参数加工操作

（1）在“活动流程树”中选择“制造程序”，然后在工具条中选择“棱柱形加工”>“型腔铣削”。

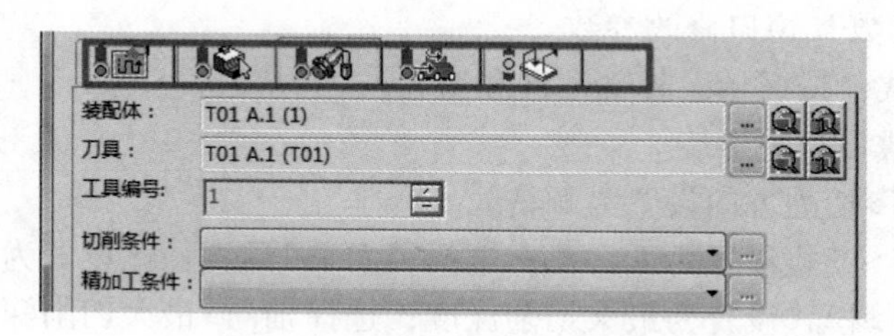

图 5-38　指示灯为绿色示意图

（2）在弹出的对话窗口中修改名称和备注。

（3）在“策略参数”窗口修改参数（见图 5-39）。

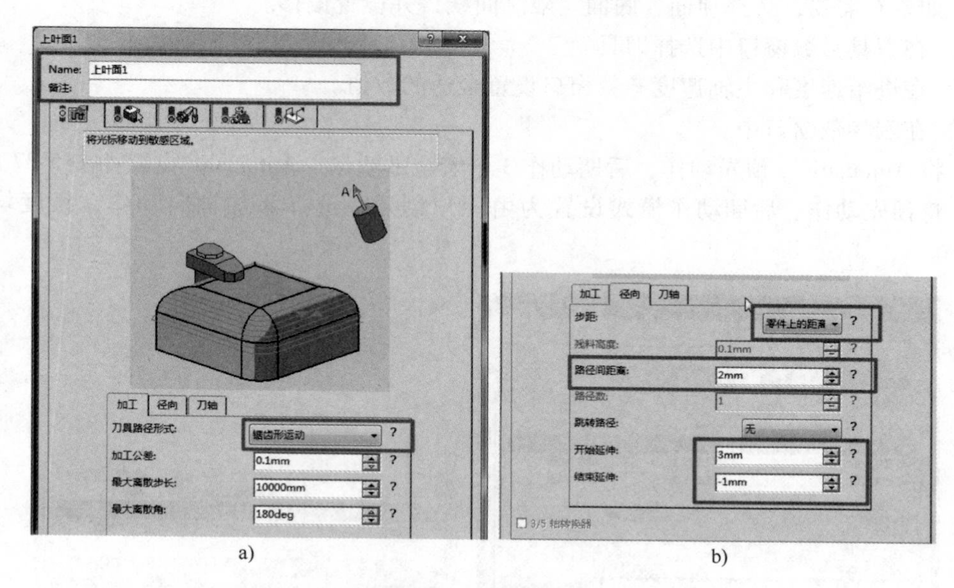

图 5-39　策略参数设置

1）将刀具路径形式设置为锯齿形铣削。

2）径向模式设置为零件上的距离，数值为 2mm。

3）在径向选项中开始设置，开始延伸：3mm；结束延伸：−1mm。

4）在刀轴选项中，设置刀轴模式为固定轴。

（4）在“几何图形”参数窗口中选择。

1）设计零件。

2）添加圆角。

3）设置偏移。

（5）在“刀具参数”窗口中选择使用的刀具：“从当前加工单元中显示现有加工装配体”>选择“刀具 D5”。

（6）在“进给速度和主轴速度参数”窗口设置合适的数值，如图 5-40 所示。

（7）在“宏参数”窗口中设置合适的宏参数，如图 5-41 所示。

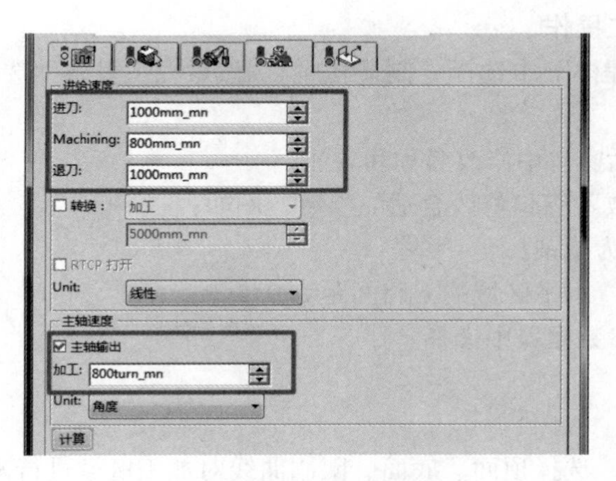

图 5-40　速度参数设置

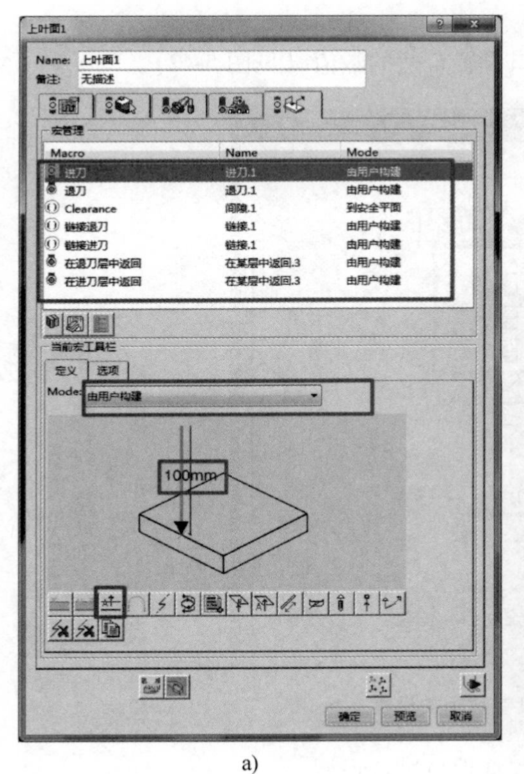

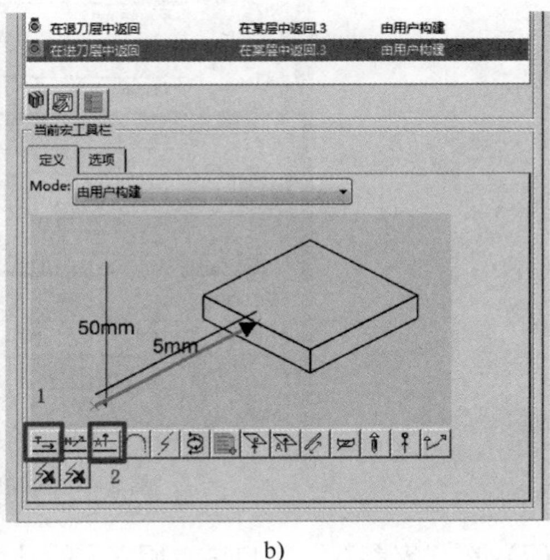

a)　　　　　　　　　　　　b)

图 5-41　宏参数设置

1）将进刀、退刀、在退刀层中返回、在进刀层中返回 4 个宏激活，右击“Activate”。

2）将进刀、退刀模式设置为由用户创建，选择添加轴向动作，长度均设置为 100mm。

3）将“在进刀层中返回”的模式设置为由用户创建，选择添加切线动作长度设置为 5mm。之后选择添加轴向动作，长度设置为 50mm。

4）将“在退刀层中返回”的设置与“在进刀层中返回”一致。

（8）观察到指示灯全部变为绿色便可以进行刀具路径的计算。

3. 创建高级精加工操作

（1）在“活动流程树”中选择“制造程序”，然后在工具条中选择“曲面加工”>“高级精加工”。

（2）在弹出的对话窗口中修改名称和备注。

（3）在“策略参数”窗口修改合适的参数，例如：

1）设置切削方向为顺铣。

2）设置垂直区域、水平区域的刀路间距为 0.5mm。

（4）在几何图形参数窗口中选择。

1）设计零件。

2）设置偏移。

3）如果需要的话，选择顶面、底面、限制曲线对加工区域进行限制。

（5）在“刀具参数”窗口中选择使用的刀具“从当前加工单元中显示现有加工装配体”>选择“刀具 D3”。

（6）在“进给速度和主轴速度参数”窗口设置合适的数值（见图 5-42）。

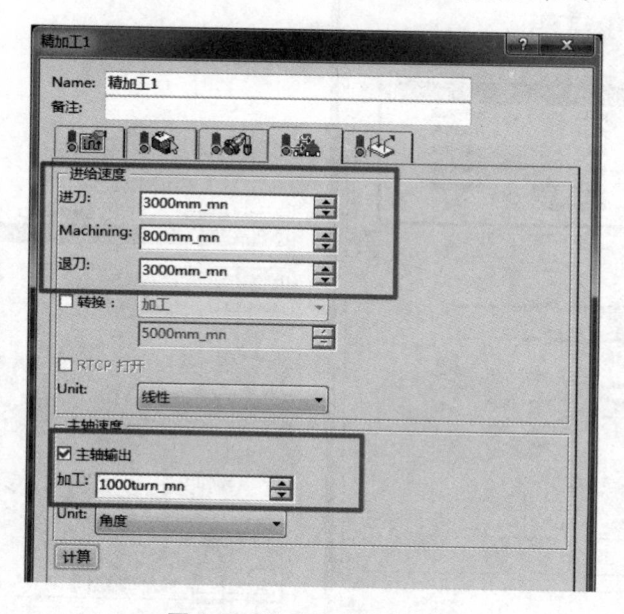

图 5-42　速度参数相关设置

（7）在“宏参数”窗口中，所有宏的设置均保持默认设置。

（8）观察到指示灯全部变为绿色便可以进行刀具路径的计算。

4. 模拟机床动作

（1）进行刀具路径仿真。

在创建加工操作后，可以计算刀具路径，然后播放仿真动画：

1）选择“刀具路径计算”以计算刀具路径。

2）选择“向前播放”以播放刀具动作。

（2）材料去除模拟。可以在播放仿真动作时进行“材料去除模拟”：

1）在“活动流程树”中选择“在仿真期间启用材料移除”。
2）在加工操作中选择“计算刀具路径”，选择“向前播放”。
（3）模拟机床动作（见图 5-43）。

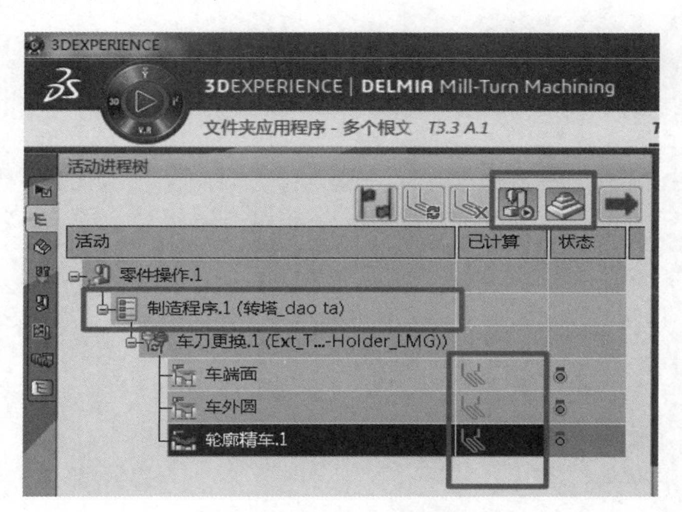

图 5-43　模拟机床动作操作界面

1）在开始之前确保所模拟对象的刀具路径已计算完毕。
2）选择“激活/停用机床运动学”“在仿真期间启用材料移除”。
3）选择“制造程序 . 1”。
4）在 3D 罗盘上选择“播放键”，然后在播放工具条中选择“向前播放”。